建筑给排水工程与建筑电气工程研究

刘婷婷　刘　超　著

中国建材工业出版社

北　京

图书在版编目（CIP）数据

建筑给排水工程与建筑电气工程研究/刘婷婷，刘
超著. --北京：中国建材工业出版社，2023.12
ISBN 978-7-5160-3969-4

Ⅰ．①建… Ⅱ．①刘…②刘… Ⅲ．①建筑工程－给
水工程－研究②建筑工程－排水工程－研究③房屋建筑设
备－电气设备－建筑安装－研究 Ⅳ．①TU82②TU85

中国国家版本馆 CIP 数据核字（2023）第 251689 号

建筑给排水工程与建筑电气工程研究
Jianzhu Jipaishui Gongcheng yu Jianzhu Dianqi Gongcheng Yanjiu
刘婷婷　刘　超　**著**

出版发行：中国建材工业出版社
地　　址：北京市海淀区三里河路 1 号
邮　　编：100044
经　　销：全国各地新华书店
印　　刷：北京传奇佳彩数码印刷有限公司
开　　本：787mm×1092mm　1/16
印　　张：11.25
字　　数：149 千字
版　　次：2024 年 5 月第 1 版
印　　次：2024 年 5 月第 1 次
定　　价：59.80 元

前言

随着社会经济的不断发展,我国的社会主义建设事业持续发展,各类建筑工程施工项目开展得如火如荼,建筑工程行业的发展也变得越来越成熟。工程质量的优劣,直接影响国家经济建设的速度。建筑施工项目质量的优劣,不但关系到工程的适用性,而且还关系到人民生命财产的安全和社会安定。

建筑给排水工程(后称:给排水工程)与建筑电气工程(后称:电气工程)是建筑工程中重要的组成部分,随着国人生活水平的提高以及现代科学技术的发展,民众对于给排水工程与电气工程的设计、施工技术要求日渐提高。对此,本书作者总结过往经历,撰写《建筑给排水工程与建筑电气工程研究》一书,为从事给排水工程和电气工程设计、施工管理人员提供参考。目的为帮助从事给排水工程与电气工程设计、施工管理人员掌握相关技术要点,为推动给排水工程与电气工程的发展贡献力量。

在本书的撰写过程中,参阅了大量的文献资料,在此对原作者表示衷心的感谢。同时感谢有关领导给予的关心和大力支持。由于作者水平有限,书中不足之处在所难免,敬请各位读者批评指正。

目录

第一章　建筑工程 …………………………………………………… 1

　第一节　建筑与建筑工程概述 ………………………………… 1

　第二节　建筑工程项目的划分 ………………………………… 2

第二章　给排水工程 ………………………………………………… 5

　第一节　建筑给排水工程的主要内容 ………………………… 5

　第二节　建筑给排水工程的发展 ……………………………… 10

第三章　给水系统 …………………………………………………… 13

　第一节　给水系统的组成 ……………………………………… 13

　第二节　给水管材、附件和水表 ……………………………… 14

　第三节　给水管道布置与敷设 ………………………………… 23

　第四节　水质防护 ……………………………………………… 27

　第五节　给水增压与调节设备 ………………………………… 30

第四章　排水系统 …………………………………………………… 39

　第一节　排水系统的分类、体制和组成 ……………………… 39

　第二节　排水管材与附件 ……………………………………… 42

　第三节　排水管道的布置与敷设 ……………………………… 46

　第四节　排水通气管系统 ……………………………………… 49

第五章　特殊建筑给排水设计 …………………………………… 53

　第一节　建筑水景设计 ………………………………………… 53

　第二节　游泳池给排水设计 …………………………………… 58

第三节　绿地喷灌给排水设计 ……………………………… 66

第四节　公共厨房给排水设计 ……………………………… 78

第五节　洗衣房给排水设计 ………………………………… 84

第六章　电气工程 ………………………………………… 91

第一节　电气工程概述 …………………………………… 91

第二节　电气工程子分部工程介绍 ………………………… 99

第七章　供配电系统 ……………………………………… 145

第一节　建筑供配电系统概述 ……………………………… 145

第二节　各类型工业、民用供电系统 ……………………… 151

第三节　变(配)电所 ………………………………………… 152

第四节　低压供配电监控系统 ……………………………… 156

第八章　照明系统 ………………………………………… 159

第一节　照明基础知识 …………………………………… 159

第二节　照明系统的设计 ………………………………… 164

参考文献 …………………………………………………… 169

第一章 建筑工程

第一节 建筑与建筑工程概述

一、建筑的概念及基本属性

建筑是建筑物与构筑物的总称,是人们为了满足社会生活需要,利用所掌握的物质技术手段,并运用一定的科学规律、风水理念和美学法则创造的人工环境。

建筑的基本属性如下:

1.物质及空间属性

人们常提到"建筑形式",严格地讲,它是由空间、体形、轮廓、虚实、凹凸、色彩、质地、装饰等种种要素的集合形成的复合概念。根据建筑物的不同功能,其面积、空间形状均要有所变化,采光、通风、日照条件也要进行相应的处理。

2.精神属性

从建筑物的精神功能来看,建筑包含一定的技术上或者精神上的重要意义。世界上的建筑丰富多彩,不同地域、不同民族、不同文化都会产生自己的建筑杰作。

3.建筑的实体属性

(1)围合体的物理功能。建筑围合体的尺度包括厚度、高度及宽度三个方向度量。材料尺度的变化对围合体的物理性能也起着关键的作用,从南到北建筑围合体的厚度都不相同,而对内部空间来讲,不同的材料形成的围合体其长度和宽度方向的变化又会对室内的声和光环境产生较大的影响。

（2）建筑的结构体系。一方面，建筑结构应具备稳固性与安全性，具有抵抗倒塌、扭曲、局部破坏和变形的能力；另一方面，建筑应具备美感，表达其内在的精神内涵。

二、建筑工程的概念及基本属性

由于建筑工程主要涉及房屋等建筑物，因此，建筑工程是房屋建筑工程，即兴建房屋的规划、勘察、设计（建筑、结构和设备）、施工的总称。

建筑工程的基本属性如下：

（1）社会性。建筑工程是伴随人类社会的进步而发展起来的，因此，所建造的建筑物和构筑物均可反映出不同历史时期社会、经济、文化、科学、技术和艺术发展的全貌。

（2）综合性。建筑工程项目的建设一般都要经过勘察、设计和施工等阶段。每一个阶段的实施过程都需要运用工程地质勘探、工程设计、工程测量、建筑结构、建筑材料、建筑经济等学科，以及施工技术、施工组织等不同领域的知识。

（3）实践性。建筑工程涉及的领域非常广泛，因此，影响建筑工程的因素必然众多且复杂，使得建筑工程对实践的依赖性很强。

（4）统一性。建筑工程是为人类需要服务的，所以，它是技术、经济和艺术统一的结果。

第二节　建筑工程项目的划分

基本建设工程项目是一项系统工程，可根据其构成内容由大到小分为建设项目、单项工程、单位工程、分部工程和分项工程。

一、建设项目

建设项目又可称为投资项目。一般是指具有经过审批的设计任务书,依照一个总体规划设计,具有行政上的独立组织形式,经济上进行独立经济核算的固定资产投资项目。一个建设项目可由若干个单项工程构成,也可以是一个独立工程。民用建设项目中的学校、医院,工业建设项目中的企事业单位,商业建设项目中的商场、酒店等都可称作建设项目。

二、单项工程

单项工程又可称为工程项目,它是建设项目的组成部分。单项工程是具有独立的设计文件和单独施工的条件,建成后能够独立发挥生产能力或使用效益的工程,如学校的单幢教学楼、体育馆、食堂、宿舍、图书馆,医院的门诊大楼、急诊中心、医疗检测中心、住院处,工业厂矿的生产车间、办公用楼等。单项工程是一个具有独立意义的复杂综合工程,由若干个单位工程构成。

三、单位工程

单位工程是单项工程的组成部分,具有独立的设计图纸,也可独立进行施工,但建成后不能独立发挥生产能力或使用效益。通常可依据单项工程所包含的不同性质的工程内容及其是否具备独立施工的条件,将其划分为若干个单位工程,如单幢教学楼的土建工程、给排水工程、电气照明工程、通风采暖工程、设施设备工程等均可称为一个单位工程。

四、分部工程

分部工程是单位工程的组成部分,它是按照建筑结构或部位的不同而划分的工程分项。如楼地面工程、墙柱面工程、天棚工程、门窗工程、油漆涂料工程及其他工程等。

五、分项工程

分项工程是分部工程的进一步细分,是按照施工方法、材料种类、结构构件等因素划分的建设项目中最基本的构成单元,其自身并没有独立存在的意义。如墙柱面分部工程又可分为外墙保温、外墙釉面砖饰面、内墙瓷砖饰面、内墙理石饰面等若干个分项工程。

分项工程通过简单的施工过程便可完成,在工程预算编制中属于一个基本计量单位,通过它可以计算出一定量分项工程所消耗的人工、材料和机械台班的数量。

综上所述,一个建设项目由一个或若干个单项工程组成,一个单项工程由若干个单位工程组成,一个单位工程由若干个分部工程组成,一个分部工程又由若干个分项工程组成。了解一个建设项目各部分层次之间的区别与联系,对确定工程建设项目各阶段的预算造价有重要的作用。

第二章 给排水工程

建筑给排水工程是工科学科中的一种,简称给排水。给排水工程一般指的是城市用水供给系统、排水系统(市政给排水和建筑给排水)。给水排水工程研究的是水的一个循环的问题。

"给水":一所现代化的自来水厂,每天从江河湖泊中抽取自然水后,利用一系列物理和化学手段将水净化为符合生产、生活用水标准的自来水,然后通过四通八达城市水网,将自来水输送到千家万户。"排水":一所先进的污水处理厂,把我们生产、生活使用过的污水、废水集中处理,然后干干净净地被排放到江河湖泊中去。这个取水、处理、输送、再处理、然后排放的过程就是给水排水工程要研究的主要内容。

第一节　建筑给排水工程的主要内容

建筑给排水工程主要介绍室内给水、排水和热水供应工程的设计原理及方法,同时还要介绍一些施工及管理方面的基本知识和技术。这是一门专业技术课程,是给排水专业的必修课。

一、给水工程

给水工程为居民和厂、矿、运输企业供应生活、生产用水的工程以及消防用水、道路绿化用水等。由给水水源、取水构筑物、原水管道、给水处理厂和给水管网组成,具有取集和输送原水、改善水质的作用。给水水源有地表水、地下水和再用水。取水构筑物有地表水取水构筑物和地下水取水构筑物。

(一)建筑内部给水系统的分类

建筑内部给水系统的任务是将城镇给水管网或自备水源给水管网的水引入室内,选用适用、经济、合理的最佳供水方式,经配水管送至室内各种卫生器具、用水嘴、生产装置和消防设备,并满足用水点对水量、水压和水质的要求。建筑给水排水系统是一个冷水供应系统,按用途基本上可分为以下三类。

1.生活给水系统

供民用、公共建筑和工业企业建筑内的饮用、烹调、盥洗、洗涤、沐浴等生活上的用水。要求水质必须严格符合国家规定的饮用水质标准。

2.生产给水系统

因各种生产的工艺不同,生产给水系统种类繁多,主要用于生产设备的冷却、原料洗涤、锅炉用水等。生产用水对水质、水量、水压以及安全方面的要求由于工艺不同,差异很大。

3.消防给水系统

供层数较多的民用建筑、大型公共建筑及某些生产车间的消防设备用水,对水质要求不高,但必须按建筑防火规范保证有足够的水量与水压。

根据具体情况,有时将上述三类基本给水系统或其中两类基本系统合并成:生活—生产—消防给水系统;生活—消防给水系统;生产—消防给水系统。

根据不同需要,有时将上述三类基本给水系统再划分,例如:生活给水系统分为饮用水系统、杂用水系统;生产给水系统分为直流给水系统、循环给水系统、复用水给水系统、软化水给水系统、纯水给水系统;消防给水系统分为消火栓给水系统、自动喷水灭火给水系统。

(二)建筑内部给水系统的组成

建筑内部给水系统由下列各部分组成。

1.引入管

对一幢单独建筑物而言,引入管是室外给水管网与室内管网之间的联络管段,也称进户管。对于一个工厂、一个建筑群体、一个学校区,引入管系指总进水管。

2.水表节点

水表节点是指引入管上装设的水表及其前后设置的闸门、泄水装置等总称。闸门用以关闭管网,以便修理和拆换水表;泄水装置为检修时放空管网、检测水表精度及测定进户点压力值。水表节点形式多样,选择时应按用户用水要求及所选择的水表型号等因素决定。

分户水表设在分户支管上,可只在表前设阀,以便局部关断水流。为了保证水表计量准确,在翼轮式水表与闸门间应有 8～10 倍水表直径的直线段,其他水表约为 300mm,以使水表前水流平稳。

3.管道系统

管道系统是指建筑内部给水水平或垂直干管、立管、支管等。

4.给水附件

给水附件指管路上的闸阀等各式阀类及各式配水龙头、仪表等。

5.升压和储水设备

在室外给水管网压力不足或建筑内部对安全供水、水压稳定有要求时,需设置各种附属设备,如水箱、水泵、气压装置、水池等升压和储水设备。

6.室内消防

按照建筑物的防火要求及规定需要设置消防给水时,一般应设消火栓消防设备。有特殊要求时,另专门装设自动喷水灭火或水幕灭火设备等。

二、排水工程

排水工程是排除人类生活污水和生产中的各种废水、多余的地面水的工程。由排水管系(或沟道)、废水处理厂和最终处理设施组成。通常还包括抽升设施(如排水泵站)。排水管系是指收集和输送废水(污水)的管网,有合流管系和分流管系。废水处理厂包括沉淀池、沉沙池、曝气池、生物滤池、澄清池等设施及泵站、化验室、污泥脱水机房、修理工厂等建筑,废水处理的一般目标是去除悬浮物和改善耗氧性,有时还需进行消毒和进一步处理。最终处理设施视不同的排水对象设有水泵或其他提水机械,将经过处理厂处理满足规定的排放要求的废水排入水体或排放在土地上。

(一)建筑内部排水系统的分类

建筑内部排水系统根据接纳污、废水的性质,可分为三类。

1.生活排水系统

其任务是将建筑内生活废水(即人们日常生活中的污水等)和生活污水(主要指粪便污水)排至室外。我国目前建筑排污分流设计中是将生活污水单独排入化粪池,而生活废水则直接排入市政下水道。

2.工业废水排水系统

用来排除工业生产过程中的生产废水和生产污水。生产废水污染程度较轻,如循环冷却水等。生产污水的污染程度较重,一般需要经过处理后才能排放。

3.建筑内部雨水管道

用来排除屋面的雨水,一般用于大屋面的厂房及一些高层建筑雨雪水的排除。

若生活污废水、工业废水及雨水分别设置管道排出室外称建筑分流制排水,若将其中两类以上的污水、废水合流排出则称建筑合流制排水。建筑排水系统是选择分流制排水系统还是合流制排水系统,应综合考虑污水污染性质、污染程度、室外排水体制是否有利于水质综合利用及处理等因素来确定。

(二)建筑内部排水系统的组成

一般建筑物内部排水系统由下列部分组成。

1.卫生器具或生产设备受水器

2.排水管系。

由器具排水管连接卫生器具和横支管之间的一段短管,除坐式大便器外,其间含存水弯,有一定坡度的横支管、立管,埋设在地下的总干管和排出到室外的排水管等组成。

3. 通气管系

有伸顶通气立管、专用通气内立管、环形通气管等几种类型。其主要作用是让排水管与大气相通,稳定管系中的气压波动,使水流畅通。

4. 清通设备

一般有检查口、清扫口、检查井以及带有清通门的弯头或三通等设备,作为疏通排水管道之用。

5. 抽升设备

民用建筑中的地下室,人防建筑物、高层建筑的地下技术层,某些工业企业车间或半地下室、地下铁道等地下建筑物内的污、废水不能自流排至室外时必须设置污水抽升设备。如水泵、气压扬液器、喷射器将这些污废水抽升排放,以保持室内良好的卫生环境。

6. 室外排水管道

自排水管接出的第一检查井后至城市下水道或工业企业排水主干管间的排水管段即为室外排水管道,其任务是将建筑内部的污、废水排送到市政或厂区管道中去。

7. 污水局部处理构筑物

当建筑内部污水未经处理不允许直接排入城市下水道或水体时,在建筑物内或附近应设置局部处理构筑物予以处理。我国目前多采用在民用建筑和有生活间的工业建筑附近设化粪池,使生活粪便污水经化粪池处理后排入城市下水道或水体。污水中较重的杂质如粪便、纸屑等在池中数小时后沉淀形成池底污泥,三个月后污泥经厌氧分解、酸性发酵等过程后脱水熟化便可清掏出来。

另外,高层民用建筑及大型工业厂房屋面雨水内排水,也是建筑排水工程的重要任务之一。总而言之,室内给排水工程的任务就是为用户提供方便、舒适、卫生、安全的生产、生活环境。

第二节 建筑给排水工程的发展

一、室内给排水工程和室外给排水工程及其它专业的关系

(一)室外给排水工程的关系

建筑给排水是给排水中不可缺少而又独具特色的组成部分,与城市给排水、工业给排水并列组成完整的给排水体系。

"建筑给排水工程"是给排水专业的一门技术课程,它与室外给排水工程相配合,形成一套完整的给排水体系。

建筑给排水工程是室外给水工程的终点,也是室外排水工程的起点。室外给排水工程是为室内给排水工程服务的,是为其存在而设置的。室内外给排水工程相互关联、相互影响。因为建筑物其功能本身对室外给水工程提出了相应的水量、水压要求,而室外给水工程的现状,势必影响室内给水排水系统的选择和布置。需要与供给本身就是一对矛盾,给排水工程技术人员就是要利用自己学到的知识、掌握的技术解决这一矛盾,从而经济、合理地满足人们生产、生活用水的要求。

(二)与其他专业的关系

建筑给排水工程是建筑物的有机组成部分。它和建筑学、建筑结构、建筑采暖与通风、建筑电气、燃气共同构成可供使用的建筑物整体,在满足人们舒适的卫生条件,促进生产的正常进行和保障人们生命财产的安全方面,建筑给排水起着重要的作用。建筑给排水的完善程度,是建筑物标准等级的重要标志之一。

一个现代化的工业与民用建筑,是由建筑、结构、水、暖、电、通信等有关工程所构成的综合体,建筑给排水工程为其中的一部分,是一个必不可少的专业。在设计中应考虑到与其它专业相互协调、配合。各专业在确定各自的设计方案后,再向有关专业提出相应的技术要求。如水专业,向

建筑专业提出的设备用房要求（设备间、水箱间）有平面面积、高度上的要求；向电气专业提出动力配电要求，即启动消防泵的要求，自动灭火装置的自动报警要求；对暖专业提出采暖通风的要求，有热水供应的要提出热媒用量（高温水、蒸汽）；向结构专业提出基础留洞、设备荷载、各种设备支吊架、预埋件的要求。各专业也向水专业提出有关要求，即给水、排水要求，如设置空调系统，需要循环水进行冷却，循环水的补充水量、水压及排水都有要求。一幢建筑只有各专业都充分发挥其功能，紧密配合，协调一致，才能最大限度地发挥该建筑的使用功能。

要做到紧密配合，协调一致，这要求工程技术人员不但熟悉本专业的设计原则，同时还要熟悉其他专业的一般性的设计原则。在相互配合中做到既使自己本专业设计合理，又能为其他专业提供便利（如选泵），避免设计中出现不尽合理的问题。如卫生间、化验室设在变电所、厨房、冷库楼上，给排水管道设置带来困难。

二、建筑给排水的发展

二十世纪五六十年代，我国城市的建筑多为三四层，且室内卫生设备不完善，有上水无下水，自来水普及率低。建筑给排水工作仅限于室内的上、下水管道。20 世纪 60 年代至 80 年代，通过对许多工程实践的总结，并在吸收国外经验的基础上，在建筑给排水范畴内开始形成并确立我国独立的技术体系，1986 年建筑给排水规范通过国家级审定。

近年来，随着国民经济的发展，室内卫生设备的完善与普及，使得建筑给排水技术水平得到了相应的发展。特别是 20 世纪 80 年代起，我国高层建筑在许多大中城市如雨后春笋般拔地而起，目前 10～30 层建筑数目甚多，30～50 层建筑不胜枚举，同时旅游业的发展，也促进了大型豪华宾馆的兴建。这一切都对建筑给排水提出了更高的要求，并促进了其发展。建筑内给排水不再单单是上、下水管道，还要有热水供应，不但要设消火栓灭火系统，而且要设自动喷洒系统；人们不但要有一个优美、舒适的生活环境，吃得好，住得好，还要娱乐健身，相应的室内游泳室、桑那浴、冲浪浴在一些楼堂馆所建成。

　　建筑业的兴旺与发展,对建筑给排水提出了一系列亟待解决的问题,如给水系统的自动控制、节约用水、噪声和水锤的防止、高层建筑消防问题、污水立管通水及通风问题以及雨水系统的计算问题等。

　　要解决研究的问题很多,因此创造更加完善的建筑给排水工程技术体系,是每个从事给排水工程技术人员的责任和义务,这责任,责无旁贷;这义务,义不容辞。

第三章　给水系统

第一节　给水系统的组成

一般情况下,建筑给水系统由下列各部分组成。

一、水源

水源指城镇给水管网、室外给水管网或自备水源。

二、引入管

对于一幢单体建筑而言,引入管是由室外给水管网引入建筑内管网的管段。

三、水表节点

水表节点是安装在引入管上的水表及其前后设置的阀门(新建建筑应在水表前设置管道过滤器)和泄水装置的总称。此处水表用以计量该幢建筑的总用水量。水表前后的阀门用于水表检修、拆换时关闭管路之用。泄水口主要用于室内管道系统检修时放空之用,也可用来检测水表精度和测定管道进户时的水压值。设置管道过滤器的目的是保证水表正常工作及其量测精度。

水表节点一般设在水表井中。温暖地区的水表井一般设在室外,寒冷地区的水表井宜设在不会冻结之处。

在非住宅建筑内部给水系统中,需计量水量的某些部位和设备的配水管上也要安装水表。住宅建筑每户住家均应安装分户水表(水表前也宜设置管道过滤器）。分户水表以前大都设在每户住家之内。现在的分户水表宜相对集中设在户外容易读取数据处。对仍需设在户内的水表，宜采用远传水表或 IC 卡水表等智能化水表。

四、给水管网

给水管网指的是建筑内水平干管、立管和横支管。

五、配水装置与附件

配水装置与附件包括配水水嘴、消火栓、喷头与各类阀门（控制阀、减压阀、止回阀等）。

六、增（减）压和贮水设备

当室外给水管网的水量、水压不能满足建筑用水要求，或建筑内对供水可靠性、水压稳定性有较高要求时，以及在高层建筑中需要设置各种设备，如水泵、气压给水装置、变频调速给水装置、水池、水箱等增压和贮水设备。当某些部位水压太高时，需设置减压设备。

七、给水局部处理设施

当有些建筑对给水水质要求很高、超出我国现行生活饮用水卫生标准时，或其他原因造成水质不能满足要求时，就需要设置一些设备、构筑物进行给水深度处理。

第二节　给水管材、附件和水表

一、管道材料

建筑给水和热水供应管材常用的有塑料管、复合管、钢管、不锈钢管、有衬里的铸铁管和经可靠防腐处理的钢管等。

(一)塑料管

近些年来,给水塑料管的开发在我国取得了很大的进展。给水塑料管管材有聚氯乙烯管、聚乙烯管(高密度聚乙烯管、交联聚乙烯管)、聚丙烯管、聚丁烯管和 ABS 管(丙烯腈 A、丁二烯 B、苯乙烯 S 三种单体的共聚物)等。塑料管有良好的化学稳定性,耐腐蚀,不受酸、碱、盐、油类等物质的侵蚀;物理机械性能也很好,不燃烧、无不良气味、质轻且坚,密度仅为钢的五分之一,运输安装方便;管壁光滑,水流阻力小;容易切割,还可制造成各种颜色。当前,已有专供输送热水使用的塑料管,其使用温度可达 95℃。为了防止管网水质污染,塑料管的使用推广正在加速进行,并将逐步替代质地较差的金属管。

(二)给水铸铁管

我国生产的给水铸铁管,按其材质分为普通灰口连续铸铁管和球墨铸铁管,按其浇注形式分为砂型离心铸铁直管和连续铸铁直管(但目前市场上小口径球墨铸铁管较少)。铸铁管具有耐腐蚀性强(为保证其水质,还是应有衬里)、使用期长、价格较低等优点。其缺点是性脆、长度小、重量大。

(三)钢管

钢管有焊接钢管、无缝钢管两种。焊接钢管又分镀锌钢管和不镀锌钢管。钢管镀锌的目的是防锈、防腐、避免水质变坏,延长使用年限。所谓镀锌钢管,应当是热浸镀锌工艺生产的产品。钢管的强度高,承受流体的压力大,抗震性能好,长度大,接头较少,韧性好,加工安装方便,重量比铸铁管轻,但抗腐蚀性差,易影响水质。因此,虽然以前在建筑给水中普遍使用钢管,但现在冷浸镀锌钢管已被淘汰,热浸镀锌钢管也限制场合使用(如果使用,需经可靠防腐处理)。

(四)其他管材

其他管材包括:铜管、不锈钢管、钢塑复合管、铝塑复合管等。

铜管可以有效地防止卫生洁具被污染,且光亮美观、豪华气派。目前,其连接配件、阀门等也配套产出。根据我国几十年的使用情况,验证其效果优良。只是由于管材价格较高,现在多用于宾馆等较高级的建筑之中。

不锈钢管表面光滑,亮洁美观,摩擦阻力小;重量较轻,强度高且有良好的韧性,容易加工;耐腐性能优异,无毒无害,安全可靠,不影响水质。其配件、阀门均已配套。由于人们越来越讲究水质的高标准,不锈钢管的使用呈快速上升之势。

钢塑复合管有衬塑和涂塑两类,也生产有相应的配件、附件。它兼有钢管强度高和塑料管耐腐蚀、保持水质的优点。

铝塑复合管是中间以铝合金为骨架,内外壁均为聚乙烯等塑料的管道。除具有塑料管的优点外,还有耐压强度好、耐热、可挠曲、接口少、安装方便、美观等优点。目前,管材规格大都为 DN15～DN40,多用作建筑给水系统的分支管。

在实际工程中,应根据水质要求、建筑使用要求和国家现行有关产品标准的要求等因素选择管材。生活给水管应选用耐腐蚀和连接方便的管材,一般可采用塑料管(高层建筑给水立管不宜采用塑料管)、塑料和金属的复合管、薄壁金属管(铜管、不锈钢管)等。生活直饮水管材可选用不锈钢管、铜管等。消防与生活共用给水管网、消防给水管管材常采用热浸镀锌钢管。自动喷水灭火系统的消防给水管应采用热浸镀锌钢管。热水系统的管材应采用热浸镀锌钢管、薄壁金属管、塑料管、塑料复合管等管材。埋地给水管道一般可采用塑料管、有衬里的球墨铸铁管和经可靠防腐处理的钢管等。

二、管道配件与管道连接

管道配件是指在管道系统中起连接、变径、转向、分支等作用的零件,又称管件。如弯头、三通、四通、异径管接头、承插短管等。各种不同管材有相应的管道配件,管道配件有带螺纹接头(多用于塑料管、钢管)、带法兰接头、带承插接头(多用于铸铁管、塑料管)等几种形式。

常用各种管材的连接方法如下所示。

(一)塑料管的连接方法

塑料管的连接方法一般有:螺纹连接(其配件为注塑制品)、焊接(热空气焊、热熔焊、电熔焊)、法兰连接、螺纹卡套压接,还有承插接口、胶粘连接等。

(二)铸铁管的连接方法

铸铁管的连接多用承插方式连接,连接阀门等处也用法兰盘连接。承插接口有柔性接口和刚性接口两类:柔性接口采用橡胶圈接口;刚性接口采用石棉水泥接口、膨胀性填料接口,重要场合可用铅接口。

(三)钢管的连接方法

钢管的连接方法有螺纹连接、焊接和法兰连接。

(1)螺纹连接。螺纹连接即利用带螺纹的管道配件连接。配件用可锻铸铁制成,抗腐性及机械强度均较大,也分镀锌与不镀锌两种,钢制配件较少。镀锌钢管必须用螺纹连接,其配件也应为镀锌配件。这种方法多用于明装管道。

(2)焊接。焊接是用焊机、焊条烧焊将两段管道连接在一起。优点是接头紧密,不漏水,不需配件,施工迅速,但无法拆卸。焊接只适用于不镀锌钢管。这种方法多用于暗装管道。

(3)法兰连接。在较大管径(50mm以上)的管道上,常将法兰盘焊接(或用螺纹连接)在管端,再以螺栓将两个法兰连接在一起,进而两段管道也就连接在一起了。法兰连接一般用在连接阀门、止回阀、水表、水泵等处,以及需要经常拆卸、检修的管段上。

(四)铜管的连接方法

铜管的连接方法有:螺纹卡套压接、焊接(有内置锡环焊接配件、内置银合金环焊接配件、加添焊药焊接配件)等。

(五)不锈钢管的连接方法

不锈钢管一般有焊接、螺纹连接、法兰连接、卡套压接和铰口连接等。

(六)复合管的连接方法

钢塑复合管一般用螺纹连接,其配件一般也是钢塑制品。

铝塑复合管一般采用螺纹卡套压接,其配件一般是铜制品,它是先将配件螺帽套在管道端头,再把配件内芯套入端内,然后用扳手扳紧配件与螺帽即可。

三、管道附件

管道附件是给水管网系统中调节水量、水压,控制水流方向,关断水流等各类装置的总称。可分为配水附件和控制附件两类。

(一)配水附件

配水附件用以调节和分配水流。其种类主要有下面几类。

1. 配水水嘴

(1)截止阀式配水水嘴。一般安装在洗涤盆、污水盆、盥洗槽上。该水嘴阻力较大。其橡胶衬垫容易磨损,使之漏水。一些发达城市正逐渐淘汰此种铸铁水嘴,取而代之的是塑料制品和不锈钢制品等。

(2)旋塞式配水水嘴。该水嘴旋转90°即完全开启,可在短时间内获得较大流量,阻力也较小,缺点是易产生水击,适用于浴池、洗衣房、开水间等处。

(3)瓷片式配水水嘴。该水嘴采用陶瓷片阀芯代替橡胶衬垫,解决了普通水嘴的漏水问题。陶瓷片阀芯是利用陶瓷淬火技术制成的一种耐用材料,它能承受高温及高腐蚀,有很高的硬度,光滑平整、耐磨,是现在广泛推荐的产品,但价格较贵。

2. 盥洗水嘴

盥洗水嘴设在洗脸盆上供冷水(或热水)用。有莲蓬头式、鸭嘴式、角式、长脖式等多种形式。

3. 混合水嘴

混合水嘴是将冷水、热水混合调节为温水的水嘴,供盥洗、洗涤、沐浴等使用。该类新型水嘴式样繁多、外观光亮、质地优良,其价格差异也较悬殊。

此外,还有小便器水嘴、皮带水嘴、消防水嘴、电子自动水嘴等。

(二)控制附件

控制附件用以调节水量或水压,关断水流,改变水流方向等。

1. 截止阀

截止阀关闭严密,但水流阻力大,适用在管径小于、等于 50mm 的管道上。

2. 闸阀

闸阀全开时,水流呈直线通过,阻力较小。但如有杂质落入阀座,阀门不能关闭严实,因而易产生磨损和漏水。当管径在 70mm 以上时采用此阀。

3. 蝶阀

蝶阀在 90°翻转范围内起调节、节流和关闭作用,操作扭矩小,启闭方便,体积较小。其适用于管径 70mm 以上或双向流动管道上。

4. 止回阀

止回阀用以阻止水流反向流动。常用的有以下四种类型。

(1)旋启式止回阀在水平、垂直管道上均可设置,它启闭迅速,易引起水击,不宜在压力大的管道系统中采用。

(2)升降式止回阀是靠上下游压力差使阀盘自动启闭,水流阻力较大,宜用于小管径的水平管道上。

(3)消声止回阀是当水流向前流动时,推动阀瓣压缩弹簧,阀门打开。水流停止流动时,阀瓣在弹簧作用下在水击到来前即关阀,可消除阀门关闭时的水击冲击和噪声。

(4)梭式止回阀是利用压差梭动原理制造的新型止回阀,不但水流阻力小,而且密闭性能好。

5. 浮球阀

浮球阀是一种用以自动控制水箱、水池水位的阀门,防止溢流浪费。其缺点是体积较大,阀芯易卡住引起关闭不严而溢水。

与浮球阀功用相同的还有液压水位控制阀,它克服了浮球阀的弊端,是浮球阀的升级换代产品。

6.减压阀

减压阀的作用是降低水流压力。在高层建筑中使用它,可以简化给水系统,减少水泵数量或减少减压水箱数量,同时可增加建筑的使用面积,降低投资,防止水质的二次污染。在消火栓给水系统中可用它防止消火栓栓口处超压现象。因此,它的使用已越来越广泛。减压阀常用的有两种类型,即弹簧式减压阀和活塞式减压阀(也称比例式减压阀)。

7.安全阀

安全阀是一种保安器材。管网中安装此阀可以避免管网、用具或密闭水箱因超压而受到破坏。一般有弹簧式、杠杆式两种。

除上述各种控制阀之外,还有脚踏阀、液压式脚踏阀、水力控制阀、弹性座封闸阀、静音式止回阀、泄压阀、排气阀、温度调节阀等。

四、水表

水表是一种计量用户累计用水量的仪表。

(一)流速式水表的构造和性能

建筑给水系统中广泛采用的是流速式水表。这种水表是根据管径一定时,水流通过水表的速度与流量成正比的原理来测量的。它主要由外壳、翼轮和传动指示机构等部分组成。当水流通过水表时,推动翼轮旋转,翼轮转轴传动一系列联动齿轮,指示针显示到度盘刻度上,便可读出流量的累积值。此外,还有计数器为字轮直读的形式。

流速式水表按翼轮构造不同分为旋翼式和螺翼式。旋翼式的翼轮转轴与水流方向垂直。它的阻力较大,多为小口径水表,宜用于测量小的流量;螺翼式的翼轮转轴与水流方向平行。它的阻力较小,多为大口径水表,宜用于测量较大的流量。

流速式水表又分为干式和湿式两种。干式水表的计数机件用金属圆盘将水隔开,其构造复杂一些;湿式水表的计数机件浸在水中,在计数盘上装有一块厚玻璃(或钢化玻璃)用以承受水压,它机件简单、计量准确,不易漏水,但如果水质浊度高,将降低水表精度,产生磨损缩短水表寿命,宜用在水中不含杂质的管道上。

水表各技术参数的意义为：

(1)流通能力：水流通过水表产生10kPa水头损失时的流量值。

(2)特性流量：水流通过水表产生100kPa水头损失时的流量值，此值为水表的特性指标。

(3)最大流量：只允许水表在短时间内承受的上限流量值。

(4)额定流量：水表可以长时间正常运转的上限流量值。

(5)最小流量：水表能够开始准确指示的流量值，是水表正常运转的下限值。

(6)灵敏度：水表能够开始连续指示的流量。

(二)流速式水表的选用

1.水表类型的确定

应当考虑的因素有：水温、工作压力、水量大小及其变化幅度、计量范围、管径、工作时间、单向或正逆向流动、水质等。一般管径小于、等于50mm时，应采用旋翼式水表；管径大于50mm时，应采用螺翼式水表；当流量变化幅度很大时，应采用复式水表(复式水表是旋翼式和螺翼式的组合形式)；计量热水时，宜采用热水水表。一般应优先采用湿式水表。

2.水表口径的确定

一般以通过水表的设计流量小于、等于水表的额定流量(或者以设计流量通过水表产生的水头损失接近或不超过允许水头损失值)来确定水表的公称直径。

当用水量均匀时(如工业企业生活间、公共浴室、洗衣房等)，应按该系统的设计流量不超过水表的额定流量来确定水表口径；当用水不均匀时(如住宅、集体宿舍、旅馆等)，且高峰流量每昼夜不超过3h，应按该系统的设计流量不超过水表的最大流量来确定水表口径，同时水表的水头损失不应超过允许值；当设计对象为生活(生产)、消防共用的给水系统，在选定水表时，不包括消防流量，但应加上消防流量复核，使其总流量不超过水表的最大流量限值(水头损失必须不超过允许水头损失值)。

(三)电控自动流量计(TM 卡智能水表)

随着科学技术的发展以及用水管理体制的改变与节约用水意识的提高,传统的"先用水后收费"用水体制和人工进户抄表来结算水费的繁杂方式,已不适应现代管理方式与生活方式,应当用新型的科学技术手段改变自来水供水管理体制的落后状况。因此,电磁流量计、远程计量仪、IC卡水表等自动水表应运而生。TM 卡智能水表就是其中之一。

TM 卡智能水表内部置有微电脑测控系统,通过传感器检测水量,用TM 卡传递水量数据,主要用来计量(定量)经自来水管道供给用户的饮用冷水,适于家庭使用。

TM 卡智能水表的安装位置要避免曝晒、冰冻、污染、水淹以及砂石等杂物进入的管道,水表要水平安装,字面朝上,水流方向应与表壳上的箭头一致。使用时,表内需装入 5 号锂电池 1 节(正常条件下可用 3~5 年)。用户持 TM 卡(有三重密码)先到供水管理部门购买一定的水量,持 TM 卡插入水表的读写口(将数据输入水表)即可用水。用户用去一部分水,水表内存储器的用水余额自动减少,新输入的水量能与剩余水量自动叠加。表面上有累计计数显示,供水部门和用户可核查用水总量。插卡后可显示剩余水量,当水余额只有 $1m^3$ 时,水表有提醒用户再次购水的功能。

这种水表的特点和优越性是:将传统的先用水、后结算交费的用水方式改为先预付水费、后限额用水的方式,使供水部门可提前收回资金,减少拖欠水费的损失;将传统的人工进户抄表、人工结算水费的方式改变为无须上门抄表、自动计费、主动交费的方式,减轻了供水部门工作人员的劳动强度;用户无须接待抄表人员,减少计量纠纷,还能提示人们节约用水,保护和利用好水资源;供水部门可实现计算机全面管理,提高自动化程度,提高工作效率。

第三节 给水管道布置与敷设

一、给水管道布置

室内给水管道布置,一般应符合下列原则。

(一)满足良好的水力条件,确保供水的可靠性,力求经济合理

引入管宜布置在用水量最大处或尽量靠近不允许间断供水处,给水干管的布置也是如此。给水管道的布置应力求短而直,尽可能与墙、梁、柱、桁架平行。不允许间断供水的建筑,应从室外环状管网不同管段接出2条或2条以上引入管,在室内将管道连成环状或贯通枝状双向供水,若条件达不到,可采取设贮水池(箱)或增设第二水源等安全供水措施。

(二)保证建筑物的使用功能和生产安全

给水管道不能妨碍生产操作、生产安全、交通运输和建筑物的使用。故管道不应穿越配电间,以免因渗漏造成电气设备故障或短路;不应穿越电梯机房、通信机房、大中型计算机房、计算机网络中心和音像库房等房间;不能布置在遇水易引起燃烧、爆炸、损坏的设备、产品和原料上方,还应避免在生产设备、配电柜上布置管道。

(三)保证给水管道的正常使用

生活给水引入管与污水排出管管道外壁的水平净距不宜小于1.0m,室内给水管与排水管之间的最小净距,平行埋设时不宜小于0.5m;交叉埋设时不应小于0.15m,且给水管应在排水管的上面。埋地给水管道应避免布置在可能被重物压坏处;为防止振动,管道不得穿越生产设备基础,如必须穿越时,应与有关专业人员协商处理并采取保护措施;管道不宜穿过伸缩缝、沉降缝、变形缝,如必须穿过,应采取保护措施,如:软接头法(使用橡胶管或波纹管)、丝扣弯头法、活动支架法等;为防止管道腐蚀,管道不得设在烟道、风道、电梯井和排水沟内,不宜穿越橱窗、壁柜,不得穿过大小便槽,给水立管距大、小便槽端部不得小于0.5m。

塑料给水管应远离热源,立管距灶边不得小于 0.4m,与供暖管道、燃气热水器边缘的净距不得小于 0.2m,且不得因热辐射使管外壁温度大于 40℃;塑料给水管道不得与水加热器或热水炉直接连接,应有不小于 0.4m 的金属管段过渡;塑料管与其他管道交叉敷设时,应采取保护措施或用金属套管保护,建筑物内塑料立管穿越楼板和屋面处应为固定支承点;给水管道的伸缩补偿装置,应按直线长度、管材的线膨胀系数、环境温度和管内水温的变化、管道节点的允许位移量等因素经计算确定,应尽量利用管道自身的折角补偿温度变形。

(四)便于管道的安装与维修

布置管道时,其周围要留有一定的空间,在管道井中布置管道要排列有序,以满足安装维修的要求。需进入检修的管道井,其通道不宜小于 0.6m。管道井每层应设检修设施,每两层应有横向隔断。检修门宜开向走廊。给水管道与其他管道和建筑结构的最小净距应满足安装操作需要且不宜小于 0.3m。

(五)管道布置形式

给水管道的布置按供水可靠程度要求可分为枝状和环状两种形式。前者单向供水,供水安全可靠性差,但节省管材,造价低;后者管道相互连通,双向供水,安全可靠,但管线长,造价高。一般建筑内给水管网宜采用枝状布置。高层建筑、重要建筑宜采用环状布置。

按水平干管的敷设位置又可分为上行下给、下行上给和中分式三种形式。干管设在顶层顶棚下、吊顶内或技术夹层中,由上向下供水的为上行下给式,适用于设置高位水箱的居住与公共建筑和地下管线较多的工业厂房;干管埋地、设在底层或地下室中,由下向上供水的为下行上给式,适用于利用室外给水管网水压直接供水的工业与民用建筑;水平干管设在中间技术层内或中间某层吊顶内,由中间向上、下两个方向供水的为中分式,适用于屋顶用作露天茶座、舞厅或设有中间技术层的高层建筑。

二、给水管道的敷设

(一)敷设形式

给水管道的敷设有明装、暗装两种形式。明装即管道外露,其优点是安装维修方便,造价低。但外露的管道影响美观,表面易结露、积尘。一般用于对卫生、美观没有特殊要求的建筑。暗装即管道隐蔽,如敷设在管道井、技术层、管沟、墙槽、顶棚或夹壁墙中,或直接埋地或埋在楼板的垫层里,其优点是管道不影响室内的美观、整洁,但施工复杂,维修困难,造价高。适用于对卫生、美观要求较高的建筑,如宾馆、高级公寓、高级住宅和要求无尘、洁净的车间、实验室、无菌室等。

(二)敷设要求

引入管进入建筑内,一种情形是从建筑物的浅基础下通过,另一种是穿越承重墙或基础。在地下水位高的地区,引入管穿地下室外墙或基础时,应采取防水措施,如设防水套管等。

室外埋地引入管要防止地面活荷载和冰冻的影响,车行道下管顶覆土厚度不宜小于 0.7m,并应敷设在冰冻线以下 0.15m 处。建筑内埋地管在无活荷载和冰冻影响时,其管顶离地面高度不宜小于 0.3m。当将交联聚乙烯管或聚丁烯管用作埋地管时,应将其设在套内,其分支处宜采用分水器。

给水横管穿承重墙或基础、立管穿楼板时均应预留孔洞。暗装管道在墙中敷设时,也应预留墙槽,以免临时打洞、刨槽影响建筑结构的强度。横管穿过预留洞时,管顶上部净空不得小于建筑物的沉降量,以保护管道不致因建筑沉降而损坏,其净空一般不小于 0.10m。

给水横干管宜敷设在地下室、技术层、吊顶或管沟内,宜有 0.002～0.005 的坡度坡向泄水装置;立管可敷设在管道井内,冷水管应在热水管右侧;给水管道与其他管道同沟或共架敷设时,宜敷设在排水管、冷冻管的上面或热水管、蒸汽管的下面;给水管不宜与输送易燃、可燃或有害的液体或气体的管道同沟敷设;通过铁路或地下构筑物下面的给水管道,宜敷设在套管内。

管道在空间敷设时,必须采取固定措施,以保施工方便与安全供水。给水钢质立管一般每层须安装 1 个管卡,当层高大于 5.0m 时,每层须安装 2 个。

明装的复合管管道、塑料管管道也需安装相应的固定卡架,塑料管道的卡架相对密集一些。各种不同的管道都有不同的要求,使用时,请按生产厂家的施工规程进行安装。

三、给水管道的防护

(一)防腐

金属管道的外壁容易氧化锈蚀,必须采取措施予以防护,以延长管道的使用寿命。通常明装的、埋地的金属管道外壁都应进行防腐处理。常见的防腐做法是管道除锈后,在外壁涂刷防腐涂料。管道外壁所做的防腐层数,应根据防腐的要求确定。当给水管道及配件设在含有腐蚀性气体房间内时,应采用耐腐蚀管材或在管外壁采取防腐措施。

(二)防冻

当管道及其配件设置在温度低于 0℃ 以下的环境时,为保证使用安全,应当采取保温措施。

(三)防露

在湿热的气候条件下,或在空气湿度较高的房间内,给水管道内的水温较低,空气中的水分会凝结成水附着在管道表面,严重时会产生滴水。这种管道结露现象,一方面会加速管道的腐蚀,另外还会影响建筑物的使用,如使墙面受潮、粉刷层脱落,影响墙体质量和建筑美观,有时还可能造成地面少量积水或影响地面上的某些设备、设施的使用等。因此,在这种场所就应当采取防露措施(具体做法与保温相同)。

(四)防漏

如果管道布置不当,或者是管材质量和敷设施工质量低劣,都可能导致管道漏水。这不仅浪费水量、影响正常供水,严重时还会损坏建筑,特别是湿陷性黄土地区,埋地管漏水将会造成土壤湿陷,影响建筑基础的稳固性。防漏的办法:一是避免将管道布置在易受外力损坏的位置,或采取必要且有效的保护措施,免其直接承受外力;二是健全管理制度,加强管材质量和施工质量的检查监督;三是在湿陷性黄土地区,将埋地管道设在防水性能良好的检漏管沟内,一旦漏水,水可沿沟排至检漏井内,便于及时发现和检修(管径较小的管道,也可敷设在检漏套管内)。

(五)防振

当管道中水流速度过大,关闭水嘴、阀门时,易出现水击现象,会引起管道、附件的振动,不仅会损坏管道、附件造成漏水,还会产生噪声。为防止管道的损坏和噪声的污染,在设计时应控制管道的水流速度,尽量减少使用电磁阀或速闭型阀门、水嘴。住宅建筑进户支管阀门后,应装设一个家用可曲挠橡胶接头进行隔振,并可在管道支架、吊架内衬垫减振材料,以减小噪声的扩散。

第四节　水质防护

从城市给水管网引入小区和建筑的水,其水质一般都符合《生活饮用水卫生标准》,但若小区和建筑内的给水系统设计、施工安装和管理维护不当,就可能造成水质被污染的现象,导致疾病传播,直接危害人民的健康和生命,或者导致产品质量不合格,影响工业的发展。所以,必须重视和加强水质防护,确保供水安全。

一、水质污染的现象及原因

(一)与水接触的材料选择不当

如制作材料或防腐涂料中含有毒物质,逐渐溶于水中,直接污染水质。金属管道内壁的氧化锈蚀也会直接污染水质。

(二)水在贮水池(箱)中停留时间过长

如贮水池(箱)容积过大,其中的水长时间不用,或池(箱)中水流组织不合理,形成了死角,水停留时间太长,水中的余氯量耗尽后,有害微生物就会生长繁殖,使水腐败变质。

(三)管理不善

如水池(箱)的入孔不严密,通气口和溢流口敞开设置,尘土、蚊虫、鼠类、雀鸟等均可能通过以上孔口进入水中游动或溺死池(箱)中,造成污染。

(四)构造、连接不合理

配水附件安装不当,若出水口设在用水设备、卫生器具上沿或溢流口以下时,当溢流口堵塞或发生溢流的时候,遇上给水管网因故供水压力下降较多,恰巧此时开启配水附件,污水即会在负压作用下吸入管道造成回流污染;饮用水管道与大便器冲洗管直接相连,并且用普通阀门控制冲洗,当给水系统压力下降时,此时恰巧开启阀门也会出现回流污染;饮用水与非饮用水管道直接连接,当非饮用水压力大于饮用水压力且连接管中的止回阀(或阀门)密闭性差,则非饮用水会渗入饮用水管道造成污染;埋地管道与阀门等附件连接不严密,平时渗漏,当饮用水断流,管道中出现负压时,被污染的地下水或阀门井中的积水即会通过渗漏处进入给水系统。

二、水质污染的防止措施

随着社会的不断进步与发展,人们对生活的质量要求日益提高,保健意识也在不断增强,工业产品的质量同样引起了人们重视。为防止不合格水质给人们带来的种种危害,当今市面上大大小小、各式各样的末端给水处理设备以及各种品牌的矿泉水、纯净水、桶装水、瓶装水应运而生。但是,这些措施生产的水量小、价格高,且其自身也难以真正、完全地保证质量,不能从根本上来保证社会大量的、合格的民用与工业用水。因此,通过专业技术人员在设计、施工中采用合理的方案与方法(如正在不断发展的城市直饮水系统),使社会上具有良好的保证供水水质的体系,具有重要的社会意义。除一些新的技术需要探讨、实施外,一般的常规技术措施有：

　　饮用水管道与贮水池（箱）不要布置在易受污染处，设置水池（箱）的房间应有良好的通风设施，非饮用水管道不能从饮水贮水设备中穿过，也不得将非饮用水接入。生活饮用水水池（箱）不得利用建筑本体结构（如基础、墙体、地板等）作为池底、池壁、池盖，其四周及顶盖上均应留有检修空间。生活饮用水水池（箱）与其他用水水池（箱）并列设置时，应有各自独立的分隔墙，不得共用一幅分隔墙，隔墙与隔墙之间应有排水措施。贮水池设在室外地下时，距污染源构筑物（如化粪池、垃圾堆放点）不得小于10m的净距（当净距不能保证时，可采取提高饮用水池标高或化粪池采用防漏材料等措施），周围2m以内不得有污水管和污染物。室内贮水池不应在有污染源的房间下面。

　　贮水池（箱）的本体材料和表面涂料，不得影响水质卫生。若需防腐处理，应采用无毒涂料。若采用玻璃钢制作时，应选用食品级玻璃钢为原料；不宜采用内壁容易锈蚀、氧化以及释放其他有害物质的管材作为输、配水管道。不得在大便槽、小便槽、污水沟内敷设给水管道，不得在有毒物质及污水处理构筑物的污染区域内敷设给水管道。生活饮用水管道在堆放及操作安装中，应避免外界的污染，验收前应进行清洗和封闭。

　　贮水池（箱）的入孔盖应是带锁的密封盖，地下水池的入孔凸台应高出地面0.15m。通气管和溢流管口要设铜（钢）丝网罩，以防杂物、蚊虫等进入，还应防止雨水、尘土进入。其溢流管、排水管不能与污水管直接连接，应采取间接排水的方式；生活饮用水管的配水出口，不允许被任何液体或杂质所淹没。生活饮用水的配水出口与用水设备（卫生器具）溢流水位之间，应有不小于出水口直径2.5倍的空气间隙；生活饮用水管道不得与非饮用水管道连接，城市给水管道严禁与自备水源的供水管道直接连接。生活饮用水管道在与加热设备连接时，应有防止热水回流使饮用水升温的措施；从生活饮用水贮水池抽水的消防水泵出水管上，从给水管道上直接接出室内专用消防给水管道、直接吸水的管道泵、垃圾处理站的冲洗水管、动物养殖场的动物饮水管道，从生活饮用水管道系统上接至有害、有毒场所的贮水池(罐)、装置、设备的连接管上等,其起端应设置管道倒流防止器或其他有效地防止倒流污染的装置;从生活饮用水管道系统上接至对健康有危害的化工剂罐区、化工车间、实验楼(医药、病理、生化)等连接管上,除应设置倒流防止器外,还应设置空气间隙;从生活饮用水管道上直接接出消防软管卷盘、接软管的冲洗水嘴等,其管道上应设置真空破坏器;生活饮用水管道严禁与大便器(槽)、小便斗(槽)采用非专用冲洗阀直接连接冲洗;非饮用水管道工程验收时,应逐段检查,以防与饮用水管道误接在一起,其管道上的放水口应有明显标志,避免非饮用水被人误饮和误用。

生活饮用水贮水池(箱)要加强管理,定期清洗。其水泵机组吸水口及池内水流组织应采取合理的技术措施,保证水流合理,使水不至于形成死角长期滞留池中而使水质变坏。当贮水 48h 内不能得到更新时,应设置消毒处理装置。

第五节　给水增压与调节设备

一、水泵

在建筑给水系统中,当现有水源的水压较小,不能满足给水系统对水压的需要时,常采用设置水泵进行增高水压来满足给水系统对水压的需求。

(一)适用建筑给水系统的水泵类型

在建筑给水系统中,一般采用离心式水泵。为节省占地面积,可采用结构紧凑、安装管理方便的立式离心泵或管道泵;当采用设水泵、水箱的给水方式时,通常是水泵直接向水箱输水,水泵的出水量与扬程几乎不变,可选用恒速离心泵;当采用不设水箱而须设水泵的给水方式时,可采用调速泵组供水。

(二)水泵的选择

选择水泵除满足设计要求外,还应考虑节约能源,使水泵在大部分时间保持高效运行。要达到这个目的,正确地确定其流量、扬程至关重要。

1. 流量的确定

在生活(生产)给水系统中,当无水箱(罐)调节时,其流量均应按设计秒流量确定;有水箱调节时,水泵流量应按最大小时流量确定;当调节水箱容积较大且用水量均匀,水泵流量可按平均小时流量确定。

消防水泵的流量应按室内消防设计水量确定。

2. 扬程的确定

水泵的扬程应根据水泵的用途、与室外给水管网连接的方式来确定。

当水泵从贮水池吸水向室内管网输水时,其扬程由下式确定:

$$H_b = H_z + H_s + H_e$$

当水泵从贮水池吸水向室内管网中的高位水箱输水时,其扬程由下式确定:

$$H_b = H_{zl} + H_s + H_v$$

当水泵直接由室外管网吸水向室内管网输水时,其扬程由下式确定:

$$H_b = H_z + H_s + H_e - H_0$$

式中,H_b——水泵扬程,kPa;

$\quad\quad$ H_z——水泵吸入端最低水位至室内管网中最不利点所要求的静水压,kPa;

$\quad\quad$ H_s——水泵吸入口至室内最不利点的总水头损失(含水表的水头损失),kPa;

$\quad\quad$ H_e——室内管网最不利点处用水设备的最低工作压力,kPa;

$\quad\quad$ H_{zl}——水泵吸入端最低水位至水箱最高水位要求的静水压,kPa;

$\quad\quad$ H_v——水泵出水管末端的流速水头,kPa;

$\quad\quad$ H_0——室外给水管网所能提供的最小压力,kPa。

如遇上式所限定的情况,计算出 H_b,选定水泵后,还应以室外给水管网的最大压力校核水泵的工作效率和超压情况。如果超压过大,会损坏管道或附件,则应采取设置水泵回流管、管网泄压管等保护性措施。

3.水泵的设置

水泵机组一般设置在水泵房内,泵房应远离需要安静、要求防震、防噪声的房间,并有良好的通风、采光、防冻和排水的条件;泵房的条件和水泵的布置要便于操作起吊设备,其间距要保证检修时能拆卸、放置泵体和电机(其四周宜有 0.7m 的通道),并能进行维修操作。每台水泵一般应设独立的吸水管,如必须设置成几台水泵共用吸水管时,吸水管应管顶平接;水泵装置宜设计成自动控制运行方式,间歇抽水的水泵应尽可能设计成自灌式(特别是消防泵),自灌式水泵的吸水管上应装设阀门。在不可能时才设计成吸上式,吸上式的水泵均应设置引水装置;每台水泵的出水管上应装设阀门、止回阀和压力表,并宜有防水击措施(但水泵直接从室外管网吸水时,应在吸水管上装设阀门、倒流防止器和压力表,并应绕水泵设装有阀门和止回阀的旁通管)。与水泵连接的管道力求短、直;水泵基础应高出地面 0.1～0.3m;水泵吸水管内的流速宜控制在 1.0～1.2m/s 以内,出水管内的流速宜控制在 1.5～2.0m/s 内。为减小水泵运行时振动产生的噪声,应尽量选用低噪声水泵,也可在水泵基座下安装橡胶、弹簧减振器或橡胶隔振器(垫),在吸水管、出水管上装设可曲挠橡胶接头,采用弹性吊(托)架,以及其他新型的隔振技术措施等。当有条件和必要时,建筑上还可采取隔振和吸声措施。生活和消防水泵应设备用泵,生产用水泵可根据工艺要求确定是否设置备用泵。

二、贮水池

贮水池是贮存和调节水量的构筑物。当一幢(特别是高层建筑)或数幢相邻建筑所需的水量、水压明显不足,或者是用水量很不均匀(在短时间内特别大),城市供水管网难以满足时,应当设置贮水池。贮水池可设置成生活用水贮水池、生产用水贮水池、消防用水贮水池等。贮水池的形状有圆形、方形、矩形和因地制宜的异形。小型贮水池可以是砖石结构,混凝土抹面,大型贮水池应该是钢筋混凝土结构。不管是哪种结构,必须牢固,保证不漏(渗)水。

(一)贮水池的容积

贮水池的容积与水源供水能力、生活(生产)调节水量、消防贮备水量和生产事故备用水量有关,可根据具体情况加以确定:消防贮水池的有效容积应按消防的要求确定;生产用水贮水池的有效容积应按生产工艺、生产调节水量和生产事故用水量等情况确定;生活用水贮水池的有效容积应按进水量与用水量变化曲线经计算确定。当资料不足时,宜按建筑最高日用水量的 20%~25%确定。

(二)贮水池的设置

贮水池可布置在通水良好、不结冻的室内地下室或室外泵房附近,不宜毗邻电气用房和居住用房或在其上方。生活贮水池应远离(一般应在10m 以上)化粪池、厕所、厨房等卫生环境不良的房间,应有防污染的技术措施;生活贮水池不得兼作他用,消防和生产事故贮水池可兼作喷泉池、水景镜池和游泳池等,但不得少于两格;消防贮水池中包括室外消防用水量时,应在室外设有供消防车取水用的吸水口;昼夜用水的建筑物贮水池和贮水池容积大于 500m³ 时,应分成两格,以便清洗、检修。贮水池外壁与建筑本体结构墙面或其他池壁之间的净距,应满足施工或装配的要求;无管道的侧面,其净距不宜小于 0.7m;有管道的侧面,其净距不宜小于 1.0m,且管道外壁与建筑本体墙面之间的通道宽度不宜小于 0.6m;设有人孔的池顶顶板面与上面建筑本体板底的净空不应小于 0.8m。贮水池的设置高度应利于水泵自灌式吸水,且宜设置深度大于、等于 1.0m的集(吸)水坑,以保证水泵的正常运行和水池的有效容积;贮水池应设进水管、出(吸)水管、溢流管、泄水管、人孔、通气管和水位信号装置。溢流管应比进水管大一号,溢流管出口应高出地坪 0.10m;通气管直径应为200mm,其设置高度应距覆盖层 0.5m 以上;水位信号应反映到泵房和操纵室;必须保证污水、尘土、杂物不得通过人孔、通气管、溢流管进入池内;贮水池进水管和出水管应分别设置且应布置在相对位置,以便贮水经常流动,避免滞留和死角,以防池水腐化变质。

三、吸水井

当室外给水管网水压不足但能够满足建筑内所需水量,可不需设置贮水池,若室外管网不允许直接抽水时,即可设置仅满足水泵吸水要求的吸水井。

吸水井的容积应大于最大一台水泵 3min 的出水量。

吸水井可设在室内底层或地下室,也可设在室外地下或地上,对于生活用吸水井,应有防污染的措施。

吸水井的尺寸应满足吸水管的布置、安装和水泵正常工作的要求。

四、水箱

按不同用途,水箱可分为高位水箱、减压水箱、冲洗水箱、断流水箱等多种类型。其形状多为矩形和圆形,制作材料有钢板(包括普通、搪瓷、镀锌、复合与不锈钢板等)、钢筋混凝土、玻璃钢和塑料等。这里主要介绍在给水系统中使用较广的,起到保证水压和贮存、调节水量的高位水箱。

(一)水箱的有效容积

水箱的有效容积,在理论上应根据用水和进水流量变化曲线确定。但变化曲线难以获得,故常按经验确定:

对于生活用水的调节水量,由水泵联动提升进水时,可按不小于最大小时用水量的 50% 计;仅在夜间由城镇给水管网直接进水的水箱,生活用水贮量应按用水人数和最高日用水定额确定;生产事故备用水量应按工艺要求确定;当生活和生产调节水箱兼作消防用水贮备时,水箱的有效容积除生活或生产调节水量外,还应包括 10min 的室内消防设计流量(这部分水量平时不能动用)。

水箱内的有效水深一般采用 0.70~2.50m。水箱的保护高度一般为 200mm。

(二)水箱设置高度

水箱的设置高度可由下式计算:

$$H \geqslant H_s + H_c$$

式中,H——水箱最低水位至配水最不利点位置高度所需的静水
压,kPa;

H_s——水箱出口至最不利点管路的总水头损失,kPa;

H_c——最不利点用水设备的最低工作压力,kPa。

贮备消防水量的水箱,满足消防设备所需压力有困难时,应采取设置
增压泵等措施。

(三)水箱的配管与附件

进水管:进水管一般由水箱侧壁接入(进水管口的最低点应高出溢流
水位 25~150mm),也可从顶部或底部接入。进水管的管径可按水泵出
水量或管网设计秒流量计算确定。

当水箱直接利用室外管网压力进水时,进水管出口应装设液压水位
控制阀(优先采用,控制阀的直径应与进水管管径相同)或浮球阀,进水管
上还应装设检修用的阀门,当管径大于、等于 50mm 时,控制阀(或浮球
阀)不少于 2 个。从侧壁进入的进水管其中心距箱顶应有 150~200mm
的距离。

当水箱由水泵加压供水时,应设置水位自动控制水泵运行时的装置。

出水管:出水管可从侧壁或底部接出,出水管内底或管口应高出水箱
内底且应大于 50mm;出水管管径应按设计秒流量计算;出水管不宜与进
水管在同一侧面;为便于维修和减小阻力,出水管上应装设阻力较小的闸
阀,不允许安装阻力大的截止阀;水箱进出水管宜分别设置,如进水、出水
合用一根管道,则应在出水管上装设阻力较小的旋启式止回阀,止回阀的
标高应低于水箱最低水位 1.0m 以上;消防和生活合用的水箱除了确保
消防贮备水量不作他用的技术措施外,还应尽量避免产生死水区。

溢流管:水箱溢流管可从底部或侧壁接出,溢流管的进水口宜采用水
平喇叭口集水(若溢流管从侧壁接出,喇叭口下的垂直距离不宜小于溢流
管径的 4 倍),并应高出水箱最高水位 50mm,溢流管上不允许设置阀门,
溢流管出口应设网罩,管径应比进水管大一级。溢流管出口不得与污、废
水管道系统直接连接。

泄水管:水箱泄水管应自底部接出,管上应装设闸阀,其出口可与溢水管相接,但不得与污、废水管道系统直接相连,其管径应按水箱泄空时间和泄水受体排泄能力确定,但一般不小于 50mm。

水位信号装置:该装置是反映水位控制阀失灵报警的装置。可在溢流管口(或内底)齐平处设信号管,一般自水箱侧壁接出,常用管径为15mm,其出口接至经常有人值班的控制中心内的洗涤盆上。

若水箱液位与水泵连锁,则应在水箱侧壁或顶盖上安装液位继电器或信号器,并应保持一定的安全容积:最高电控水位应低于溢流水位100mm;最低电控水位应高于最低设计水位 200mm 以上。为了就地指示水位,应在观察方便、光线充足的水箱侧壁上安装玻璃液位计,便于直接监视水位。

通气管:供生活饮用水的水箱,当贮量较大时,宜在箱盖上设通气管,以使箱内空气流通。其管径一般大于、等于 50mm,管口应朝下并设网罩。

人孔:为便于清洗、检修,箱盖上应设人孔。

(四)水箱的布置与安装

水箱间:水箱间的位置应结合建筑、结构条件和便于管道布置来考虑,能使管线尽量简短,同时应有良好的通风、采光和防蚊蝇条件,室内最低气温不得低于 5℃。水箱间的净高不得低于 2.20m,并能满足布管要求。水箱间的承重结构应为非燃烧材料。

水箱的布置:水箱布置间距要求见表 3-1。对于大型公共建筑和高层建筑,为保证供水安全,宜将水箱分成两格或设置两个水箱。

表 3-1 水箱布置间距(m)

箱外壁至墙面的距离		水箱之间的距离	箱顶至建筑最低点的距离
有管道、阀门一侧	无管道一侧		
1.0	0.7	0.7	0.8

注:1. 水箱旁有管道闸门时,管道、阀门外壁与建筑本体墙面之间的通道宽度不宜小于 0.6m。

　　2. 当水箱按表中布置有困难时,允许水箱之间或水箱与墙壁之间的一面不留检修通道。

金属水箱的安装：用槽钢(工字钢)梁或钢筋混凝土支墩支承。为防水箱底与支承触面发生腐蚀，应在它们之间垫以石棉橡胶板、橡胶板或塑料板等绝缘材料。

水箱底距地面宜有不小于 800mm 的净空高度，以便安装管道和进行检修。

五、气压给水设备

气压给水设备是利用密闭贮罐内空气的可压缩性进行贮存、调节、压送水量和保持水压的装置，其作用相当于高位水箱或水塔。

(一)分类与组成

气压给水设备按罐内水、气接触方式，可分为补气式和隔膜式两类。按输水压力的稳定状况，可分为变压式和定压式两类。

(1)补气变压式气压给水设备。当罐内压力较小时，水泵向室内给水系统加压供水，水泵出水除供用户使用外，多余部分进入气压罐，罐内水位上升，空气被压缩。当压力达到较大时，水泵停止工作，用户所需的水由气压罐提供。随着罐内水量的减少，空气体积膨胀，压力逐渐降低，当压力降至一定限度时，水泵再次启动。如此往复，实现供水的目的。用户对水压允许有一定波动时，常采用这种方式。

(2)补气定压式气压给水设备。目前，常见的做法是在上述变压式供水管道上安装压力调节阀，将调节阀出口水压控制在要求范围内，使供水压力稳定。当用户要求供水压力稳定时，宜采用这种方式。

上述两种方式的气压罐内还设有排气阀，其作用是防止罐内水位下降至最低水位以下后，罐内空气随水流泄入管网。这种气压给水设备，罐中水、气直接接触，在运行过程中，部分气体会溶于水中，气体将逐渐减少，罐内压力随之下降，时间稍长，就不能满足设计要求。为保证系统正常工作，需设补气装置。补气的方法很多(如采用空气压缩机补气、在水泵吸水管上安装补气阀、在水泵出水管上安装水射器或补气罐等)。

(3)隔膜式气压给水设备。在气压水罐中设置帽形或胆囊形(胆囊形优于帽形)弹性隔膜,将气水分离,既使气体不会溶于水中,又使水质不易被污染,补气装置也就不需设置。

生活给水系统中的气压给水设备,必须注意水质防护措施。如气压水罐和补气罐内壁应涂无毒防腐涂料,隔膜应用无毒橡胶制作,补气装置的进气口都要设空气过滤装置,采用无油润滑型空气压缩机等。

(二)气压给水设备的特点

(1)气压给水设备与高位水箱相比,优点有:灵活性大,设置位置限制条件少,便于隐蔽;便于安装、拆卸、搬迁、扩建、改造,便于管理维护;占地面积少,施工速度快,土建费用低;水在密闭罐之中,水质不易被污染;具有消除管网系统中水击的作用。

(2)气压给水设备的缺点:贮水量少,调节容积小,一般调节水量为总容积的 15%~35%;给水压力不太稳定,变压式气压给水压力变化较大,可能影响给水配件的使用寿命;供水可靠性较差。由于有效容积较小,一旦因故停电或自控失灵,断水的概率较大;与其容积相对照,钢材耗量较大;因是压力容器,对用材、加工条件、检验手段均有严格要求;耗电较多,水泵启动频繁,启动电流大,水泵不是都在高效区工作,平均效率低;水泵扬程要额外增加电耗,这部分是无用功但又是必需的,一般增加 15%~25%的电耗。因此,推荐采用 2 台以上水泵并联工作的气压给水系统。

第四章　排水系统

第一节　排水系统的分类、体制和组成

一、排水系统的分类

建筑内部排水系统的任务是把建筑内的生活污水、工业废水和屋面雨、雪水收集起来,有组织地、及时地、畅通地排至室外排水管网、处理构筑物或水体。按系统排除的污、废水种类的不同,可将建筑内排水系统分为以下六类。

(一)粪便污水排水系统

排除大便器(槽)、小便器(槽)以及与此相似的卫生设备排出的污水。

(二)生活废水排水系统

排除洗涤盆(池)、淋浴设备、洗脸盆、化验盆等卫生器具排出的洗涤废水。

(三)生活污水排水系统

排除粪便污水和生活废水的排水系统。

(四)生产污水排水系统

排除生产过程中被污染较重的工业废水的排水系统。生产污水需经过处理后才允许回用或排放,如含酚污水,含氰污水,酸、碱污水等。

(五)生产废水排水系统

排除生产过程中只有轻度污染或水温提高,只需经过简单处理即可循环或重复使用的较洁净的工业废水的排水系统,如冷却废水、洗涤废水等。

(六)屋面雨水排水系统

排除降落在屋面的雨、雪水的排水系统。

二、排水体制选择

(一)排水体制

建筑内部排水体制分为分流制和合流制两种,分别称为建筑内部分流排水和建筑内部合流排水。

建筑内部分流排水是指居住建筑和公共建筑中的粪便污水和生活废水;工业建筑中的生产污水和生产废水各自由单独的排水管道系统排除。

建筑内部合流排水是指建筑中两种或两种以上的污、废水合用一套排水管道系统排除。建筑物宜设置独立的屋面雨水排水系统,迅速、及时地将雨水排至室外雨水管渠或地面。

(二)排水体制选择

建筑内部排水体制确定时,应根据污水性质、污染程度,结合建筑外部排水系统体制,有利于综合利用、污水的处理和中水开发等方面的因素考虑。

(1)建筑内下列情况下宜采用生活污水与生活废水分流的排水系统:

①建筑物使用性质对卫生标准要求较高时;

②生活废水量较大,且环卫部门要求生活污水需经化粪池处理后才能排入城镇排水管道时;

③生活废水需回收利用时。

(2)下列建筑排水应单独排水至水处理或回收构筑物:

①职工食堂、营业餐厅的厨房含有大量油脂的洗涤废水;

②机械自动洗车台冲洗水;

③含有大量致病菌,放射性元素超过排放标准的医院污水;

④水温超过 40℃的锅炉、水加热器等加热设备排水;

⑤用作回用水水源的生活排水;

⑥实验室有害、有毒废水。

(3)建筑物雨水管道应单独设置,雨水回收利用可按现行国家标准《建筑与小区雨水控制及利用工程技术规范》(GB 50400－2016)执行。

三、排水系统的组成

建筑内部排水系统的任务是要能迅速通畅地将污水排到室外,并能保持系统气压稳定,同时将管道系统内有害有毒气体排到一定空间而保证室内环境卫生。完整的排水系统可由以下部分组成。

(一)卫生器具和生产设备受水器

卫生器具是建筑内部排水系统的起点,用以满足人们日常生活或生产过程中各种卫生要求,并收集和排出污废水的设备。

(二)排水管道

排水管道包括器具排水管(指连接卫生器具和横支管的一段短管,除坐式大便器外,其间含有一个存水弯)、横支管、立管、埋地干管和排出管。

(三)通气管道

建筑内部排水系统是水气两相流动,当卫生器具排水时,需向排水管道内补给空气,以减小气压变化,防止卫生器具水封破坏,使水流通畅,同时也需将排水管道内的有毒有害气体排放到一定空间的大气中去,补充新鲜空气,减缓金属管道的腐蚀。

(四)清通设备

为疏通建筑内部排水管道,保障排水畅通,常需设检查口、清扫口、带清扫门的 90°弯头或三通、室内埋地横干管上的检查井等。

(五)抽升设备

工业与民用建筑的地下室、人防建筑物、高层建筑地下技术层、地下铁道、立交桥等地下建筑物的污废水不能自流排至室外时,常需设抽升设备。

(六)污水局部处理构筑物

当建筑内部污水未经处理不能排入其他管道或市政排水管网和水体时,需设污水局部处理构筑物。

第二节　排水管材与附件

一、金属管材及管件

建筑内部排水管道应采用建筑排水塑料管或柔性接口机制排水铸铁管及相应管件。

当连续排水温度大于 40℃时，应采用金属排水管或耐热型塑料排水管。

压力排水管道可采用耐压塑料管、金属管或钢塑复合管。

(一)铸铁管

(1)排水铸铁管。它是建筑内部排水系统目前常用的管材，有排水铸铁承插口直管、排水铸铁双承直管，管径在 50～200mm。其管件有弯管、管箍、弯头、三通、四通、瓶口大小头（锥形大小头）、存水弯、检查口等。

近年来为了适应管道施工装配化，提高施工效率，开发出了一些新型排水异型管件，如二联三通、三联三通、角形四通、H 形透气管、Y 形三通和变径弯头。

(2)柔性抗震排水铸铁管。随着高层和超高层建筑的迅速兴起，一般以石棉水泥或青铅为填料的刚性接头排水铸铁管已不能适应高层建筑各种因素引起的变形，尤其是有抗震设防要求的地区，对重力排水管道的抗震设防成为最应重视的问题。

高耸构筑物和建筑高度超过 100m 的建筑物，排水立管应采用柔性接口；排水立管 50m 以上或在抗震设防 8 度地区的高层建筑，应在立管上每隔二层设置柔性接口；在抗震设防 9 度的地区，立管和横管均应设置柔性接口。其他建筑在条件许可时，也可采用柔性接口。

我国当前采用较为广泛的一种柔性抗震排水铸铁管是 CP－1 型。它采用橡胶圈密封，螺栓紧固，具有较好的曲挠性、伸缩性、密封性及抗震性能，且便于施工。

(二)钢管

当排水管道管径小于 50mm 时,宜采用钢管,主要用于洗脸盆、小便器、浴盆等卫生器具与排水横支管间的连接短管,管径一般为 32mm、40mm、50mm。工厂车间内振动较大的地点也可采用钢管代替铸铁管,但应注意分清其排出的工业废水是否对金属管道有腐蚀性。

二、排水塑料管

目前,在建筑内使用的排水塑料管是硬聚氯乙烯塑料管(PVC－U管),具有重量轻、耐腐蚀、不结垢、内壁光滑、水流阻力小、外表美观、容易切割、便于安装、节省投资和节能等优点。但塑料管也有缺点,如强度低、耐温差(使用温度在 $-5℃\sim+50℃$)、线性膨胀量大、立管产生噪声、易老化、防火性能差等。

在使用塑料排水管道时,应注意几个问题:

(1)塑料排水管道的水力条件比铸铁管好,泄流能力大,确定管径时,应使用塑料排水管的参数进行水力计算或查相应的水力计算表;

(2)受环境温度或污水温度变化引起的伸缩长度;

(3)消除塑料排水管道受温度影响引起的伸缩量,通常采用设置伸缩节的办法予以解决。当排水管道采用橡胶密封配件或在室内采用埋地敷设时,可不设伸缩节。

三、附件

(一)存水弯

存水弯的作用是在其内形成一定高度的水封,通常为 $50\sim100mm$,阻止排水系统中的有毒有害气体或虫类进入室内,保证室内的环境卫生。当构造内无存水弯的卫生器具与生活污水管道或其他可能产生有害气体的排水管道连接时,必须在排水口以下设存水弯。存水弯的水封深度不得小于 50mm,严禁采用活动机械密封替代水封。医疗卫生机构内门诊、病房、化验室、试验室等不在同一房间内的卫生器具不得共用存水弯。卫生器具排水管段上不得重复设置水封。存水弯的类型主要有 S 形和 P 形两种。

S 形存水弯常采用在排水支管与排水横管垂直连接部位。

P 形存水弯常采用在排水支管与排水横管和排水立管不在同一平面位置而需连接的部位。

需要把存水弯设在地面以上时,为满足美观要求,存水弯还有不同类型,如瓶式存水弯、存水盒等。

(二)检查口和清扫口

检查口和清扫口属于清通设备,为了保障室内排水管道排水畅通,一旦堵塞方便疏通,因此在排水立管和横管上都应设清通设备。

(1)检查口,设置在立管上,铸铁排水立管上检查口之间的距离不宜大于 10m,塑料排水立管宜每 6 层设置一个检查口。但在立管的最底层和设有卫生器具的 2 层以上建筑物的最高层应设检查口,当立管水平拐弯或有乙字弯管时,应在该层立管拐弯处和乙字弯管上部设检查口。检查口设置高度一般距地面 1m 为宜,并应高于该层卫生器具上边缘 0.15m。

(2)清扫口,一般设置在横管上,横管上连接的卫生器具较多时,起点应设清扫口(有时用可清掏的地漏代替)。在连接 2 个及 2 个以上的大便器或 3 个及 3 个以上的卫生器具的污水横管、水流转角小于 135°的铸铁排水横管上,均应设置清扫口。在连接 4 个及 4 个以上的大便器塑料排水横管上宜设置清扫口。排水横管起点的清扫口与其端部相垂直的墙面的距离不得小于 0.2m;排水管起点设置堵头代替清扫口时,堵头与墙面应有不小于 0.4m 的距离。当排水横管悬吊在转换层或地下室顶板下设置清扫口有困难时,可用检查口替代清扫口。室内埋地横管上设检查口井或可采用密闭塑料排水检查井替代检查口。

在管径小于 100mm 的排水管道上设置清扫口,其尺寸应与管道同径;管径等于或大于 100mm 的排水管道上设置清扫口,应采用 100mm 直径清扫口。铸铁排水管道上的清扫口应为铜质;塑料排水管道上的清扫口应与管道相同材质。

(三)地漏

地漏是一种特殊的排水装置,一般设置在经常有水溅落的地面、有水需要排除的地面和经常需要清洗的地面(如淋浴间、盥洗室、厕所、卫生间等)。《住宅设计规范》(GB 50096—2021)中规定,布置洗浴器和布置洗衣机的部位应设置地漏,并要求布置洗衣机的部位宜采用能防止溢流和干涸的专用地漏或洗衣机排水存水弯,排水管道不得接入室内雨水管道。地漏应设置在易溅水的卫生器具附近的最低处,其地漏箅子应低于地面5～10mm,带有水封的地漏,其水封深度不得小于 50mm,直通式地漏下必须设置存水弯,严禁采用钟罩式(扣碗式)地漏。

(1)普通地漏,其水封深度较浅,如果只担负排除溅落水时,注意经常注水,以免水封受蒸发破坏。该种地漏有圆形和方形两种,材质为铸铁、塑料、黄铜、不锈钢、镀铬箅子。

(2)多通道地漏,有一通道、二通道、三通道等多种形式,而且通道位置可不同,使用方便,主要用于卫生间内设有洗脸盆、洗手盆、浴盆和洗衣机时,因多通道可连接多根排水管。这种地漏为防止不同卫生器具排水可能造成的地漏反冒,故设有塑料球可封住通向地面的通道。

(3)存水盒地漏的盖为盒状,并设有防水翼环,可随不同地面做法调节安装高度,施工时将翼环放在结构板上。这种地漏还附有单侧通道和双侧通道,按实际情况选用。

(4)双箅杯式地漏,其内部水封盒用塑料制作,形如杯子,便于清洗,比较卫生,排泄量大,排水快,采用双箅有利于拦截污物。这种地漏另附塑料密封盖,完工后去除,以避免施工时发生泥砂石等杂物堵塞。

(5)防回流地漏,适用于地下室,或用于电梯井排水和地下通道排水用,这种地漏设有防回流装置,可防止污水倒流。一般设有塑料球,或采用防回流止回阀。

(四)其他附件

(1)隔油具。厨房或配餐间的洗碗、洗肉等含油脂污水,在排入排水管道之前应先通过隔油具进行初步的隔油处理。隔油具一般装设在洗涤池下面,可供几个洗涤池共用。经隔油具处理后的水排至室外后仍应经隔油池处理。

（2）滤毛器和集污器。常设在理发室、游泳池和浴室内,挟带着毛发或絮状物的污水先通过滤毛器或集污器后排入管道,避免堵塞管道。

（3）吸气阀。在使用PVC－U管材的排水系统中,当无法设通气管时为保持排水管道系统内压力平衡,可在排水横支管上装设吸气阀。

第三节　排水管道的布置与敷设

一、排水管道布置与敷设的原则

建筑内部排水系统管道的布置与敷设直接影响着人们的日常生活和生产,为创造良好的环境,应遵循的原则为:排水通畅,水力条件好（自卫生器具至排水管的距离应最短,管道转弯应最少）;使用安全可靠,防止污染,不影响室内环境卫生;管线简单,工程造价低;施工安装方便,易于维护管理;占地面积小、美观;同时兼顾给水管道、热水管道、供热通风管道、燃气管道、电力照明线路、通信线路和共用天线等的布置和敷设要求。

二、排水管道的布置

建筑物内排水管道布置应符合的要求有:自卫生器具至排出管的距离应最短,管道转弯应最少;排水立管应靠近排水量最大和杂质最多的排水点;排水管道不得布置在遇水引起燃烧、爆炸或损坏原料、产品和设备的上面;排水管道不得布置在生产工艺或卫生有特殊要求的生产厂房内,以及食品的贵重商品库、通风小室、电气机房和电梯机房内;排水横管不得布置在食堂、饮食业的主副食操作烹调和备餐的上方,若实在无法避免,应采取防护措施;排水管道不得穿越卧室、病房等对卫生、安静要求较高的房间,并不宜靠近与卧室相邻的内墙;排水管道不得穿越生活饮用水池部位的上方,厨房间和卫生间的排水立管应分别设置;排水管道不得穿过沉降缝、伸缩缝、变形缝、烟道和风道,当受条件限制必须穿过沉降缝、伸缩缝和变形缝时,应采取相应的技术措施;排水埋地管道不得布置在可能受重压易损坏处或穿越生产设备基础,特殊情况下应与有关专业协商处理。

塑料排水立管应避免布置在易受机械撞击处,如不能避免时,应采取保护措施;同时应避免布置在热源附近,如不能避免,且管道表面受热温度大于60℃时,应采取隔热措施。塑料排水立管与家用灶具边净距不得小于0.4m。

住宅卫生间的卫生器具排水管要求不穿越楼板、规范强制规定建筑内部某些部位不得布置管道而受条件限制时,卫生器具排水横支管应设置同层排水。而住宅卫生间同层排水形式应根据卫生间空间、卫生器具布置、室外环境气温等因素,经技术和经济等情况比较后确定。

同层排水设计应符合的要求包括:地漏设置应满足规范要求;排水管道管径、坡度和最大设计充满度应符合规定;器具排水横支管布置标高不得造成排水滞留、地漏冒溢;埋设于填层中的管道不得采用橡胶圈密封接口;当排水横支管设置在沟槽内时,回填材料、面层应能承载器具、设备的荷载;卫生间地坪应采取可靠的防渗漏措施。

建筑塑料排水管在穿越楼层、防火墙、管道井井壁时,应根据建筑物性质、管径和设置条件,以及穿越部位防火等级等要求设置阻火圈或防火套管。

三、排水管道的敷设

排水管道一般应在地下或楼板填层中埋设或在地面上、楼板下明设,《住宅设计规范》(GB 50096－2021)规定住宅的污水排水横管宜设于本层套内(即同层排水),若必须敷设在下一层的套内空间时,其清扫口应设于本层并应进行夏季管道外壁结露验算,采取相应的防止结露的措施。当建筑或工艺有特殊要求时,可把管道敷设在管道竖井、管槽、管沟或吊顶、架空层内,排水立管与墙、柱应有25～35mm净距,便于安装和检修。

在气温较高、全年不结冻的地区,也可设置在建筑物外墙,但应征得建筑专业同意。

排水管道连接时,应充分考虑水力条件。卫生器具排水管与排水横支管垂直连接时,宜采用90°斜三通;横管与横管、横管与立管连接,宜采用45°三通或45°四通、90°斜三通或90°斜四通、直角顺水三通或直角顺水四通;当排水支管接入横干管、排水立管接入横干管时,应在横干管管顶或其两侧各45°范围内采用45°斜三通接入;排水立管应避免轴线偏置,若需轴线偏置,宜用乙字管或两个45°弯头连接。

排水立管采用内螺旋管时,排水立管底部宜采用长弯变径接头,且排出管管径宜放大一号。

排水立管与排出管端部的连接,宜采用两个45°弯头或弯曲半径不小于4倍管径的90°弯头或90°变径弯头。排出管至室外第一个检查井的距离不宜小于3m,检查井至污水立管或排出管上清扫口的距离不大于规定值。

排水立管仅设伸顶通气管时,最低排水横支管与立管连接处距排出管或排水横干管起点管内底的垂直距离不得小于规定,若当与排出管连接的立管底部放大一号管径或横干管比与之连接的立管大一号管径时,可将表中垂直距离缩小一档。

排水横支管连接在排出管或排水横干管上时,连接点距立管底部下游水平距离不得小于1.5m。若靠近排水立管底部的最低排水横支管满足不了要求时,在距排水立管底部1.5m距离之内的排出管、排水横管有90°水平转弯管段时,则底层排水支管应单独排至室外、检查井,或采取有效的防反压措施。

生活饮用水贮水箱(池)的泄水管和溢流管,开水器、热水器的排水,医疗灭菌消毒设备的排水,蒸发式冷却器、空调设备冷凝水的排水,贮存食品或饮料的冷藏库房的地面排水和冷风机溶霜水盘的排水不得与污废水管道直接连接,应采取间接排水的方式,设备间接排水宜排入邻近的洗涤盆、地漏。如不可能时,可设置排水明沟、排水漏斗或容器。间接排水的漏斗或容器不得产生溅水、溢流,并应布置在易检查、清洁的位置。

凡生活废水中含有大量悬浮物或沉淀物需经常冲洗;设备排水支管很多,用管道连接有困难;设备排水点的位置不固定;地面需要经常冲洗等情况,均可采用有盖的排水沟排除。但室内排水沟与室外排水管道连接处,应设水封装置。

排出管穿过承重墙或基础处,应预留洞口,且管顶上部净空不得小于建筑物沉降量,一般不宜小于 0.15m。当排水管穿过地下室外墙或地下构筑物的墙壁处,应采取防水措施。

当建筑物沉降,可能导致排出管倒坡时,应采取防沉降措施。采取的措施有:在排出管外墙一侧设置柔性接头;在排出管外墙处,从基础标高砌筑过渡检查井。

排水管道在穿越楼层设套管且立管底部架空时,应在立管底部设支墩或其他固定措施。地下室立管与排水横管转弯处也应设置支墩或固定措施。

第四节　排水通气管系统

一、排水通气管系统的作用与类型

(一)排水通气管系统的作用

建筑内部排水管道内呈水气两相流动,要尽可能迅速安全地将污废水排到室外,必须设通气管系统。排水通气管系统的作用是将排水管道内散发的有毒有害气体排放到一定空间的大气中去,以满足卫生要求;通气管向排水管道内补给空气,减少气压波动幅度,防止水封破坏;增加系统排水能力;通气管经常补充新鲜空气,可减轻金属管道内壁受废气的腐蚀,延长管道使用寿命。

(二)排水通气管系统的类型

(1)伸顶通气管。排水立管与最上层排水横支管连接处向上垂直延伸至室外作通气用的管道。

(2)专用通气管。仅与排水立管相连接,为排水立管内空气流通而设置的垂直通气管道。

(3)主通气立管。连接环形通气管和排水立管,并为排水横支管和排水立管内空气流通而设置的专用于通气的立管。

(4)副通气立管。仅与环形通气管相连接,使排水横支管内空气流通而设置的专用于通气的管道。

(5)结合通气管。排水立管与通气立管的连接管段。

(6)环形通气管。在多个卫生器具的排水横支管上,从最始端卫生器具的下游端接至通气立管的一段通气管段。

(7)器具通气管。卫生器具存水弯出口端接至主通气管的管段。

(8)汇合通气管。连接数根通气立管或排水立管顶端通气部分,并延伸至室外大气的通气管段。

二、排水通气管的设置条件、布置和敷设要求

(一)通气管的设置条件

(1)伸顶通气管。生活排水管道或散发有害气体的生产污水管道的立管顶端,均应设置伸顶通气管。当遇特殊情况,伸顶通气管无法伸出屋面时,可设置侧墙通气,而侧墙通气管口的布置和敷设应符合通气管布置和敷设的要求;在室内设置成汇合通气管后应在侧墙伸出延伸至屋面以上;当以上两种设置方式都无条件实施时,可设置自循环通气管道系统。

(2)专用通气立管。生活排水立管所承担的卫生器具排水设计流量超过最大排水能力时,应设专用通气管。建筑标准要求较高的多层住宅、公共建筑、10层及10层以上高层建筑卫生间的生活污水立管应设通气管。若不设置专用通气管时,可采用特殊配件单立管排水系统。

(3)主通气管或副通气管。建筑物各层的排水横支管上设有环形通气管时,应设置连接各层环形通气管的主通气立管或副通气立管。

(4)结合通气管。凡设有专用通气管或主通气立管时,应设置连接排水管与专用通气管或主通气管的结合通气管。

(5)环形通气管。连接 4 个及 4 个以上卫生器具并与立管的距离大于 12m 的排水横支管；连接 6 个及 6 个以上大便器的污水横支管；设有器具通气管的排水管道上，应设置环形通气管。

(6)器具通气管。对卫生、安静要求较高的建筑物内，生活污水宜设置器具通气管。

(7)汇合通气管。不允许设置伸顶通气管或不可能单独伸出屋面时，可设置将数根伸顶通气管连接后排到室外的汇合通气管。

(二)通气管的布置和敷设

通气管的管材，可采用柔性接口排水铸铁管、塑料管等。

伸顶通气管高出屋面不得小于 0.3m(屋面有隔热层时，应从隔热层板面算起)，且必须大于最大积雪厚度，通气管顶端应装设风帽或网罩。经常有人停留的平屋面上，通气管口应高出屋面 2m，当伸顶通气管为金属管材时，应根据防雷要求考虑防雷装置。通气管口不宜设在屋檐檐口、阳台和雨篷等的下面，若通气管口周围 4m 以内有门窗时，通气管口应高出窗顶 0.6m 或引向无门窗一侧。通气管不得接纳器具污水、废水和雨水，不得接至风道和烟道上。

专用通气立管和主通气立管的上端可在最高卫生器具上边缘以上不小于 0.15m 或检查口以上与排水立管通气部分以斜三通连接，下端应在最低排水横支管以下与排水立管以斜三通连接。结合通气管宜每层或隔层与专用通气管、排水立管连接，与立通气立管、排水立管连接不宜多于 8 层；结合通气管上端可在卫生器具上边缘以上不小于 0.15m 处与通气立管以斜三通连接，下端宜在排水横支管以下与排水立管以斜三通连接，结合通气管可采用 H 形管件替代，其 H 管与通气管的连接点应设在卫生器具上边缘以上不小于 0.15m 处。当污水立管与废水立管合用一根通气管时，H 形管件可隔层分别与污水立管和废水立管连接，且最低排水横支管连接点以下应安装结合通气管。

器具通气管应设在存水弯出口端。环形通气管应在横支管上最始端卫生器具下游端接出，并应在排水支管中心线以上与排水支管呈垂直或

45°连接。器具通气管和环形通气管应在卫生器具上边缘以上不少于0.15m处,并按不小于0.01的上升坡度与通气立管相连接。

自循环通气系统,当采取专用通气立管与排水立管连接时,其顶端应在卫生器具上边缘以上不小于0.15m处采用两个90°弯头相连,通气立管与排水立管采用结合通气管或H管相连,其每层设置的要求如前述;当采取环形通气管与排水横支管连接时,通气立管顶端应在卫生器具上边缘以上不小于0.15m处采用两个90°弯头相连,每层排水支管下游端接出环形通气管,应在高出卫生器具上边缘不小于0.15m与通气立管相连,横支管连接卫生器具较多且横支管较长并满足设置环形通气管的条件时,应在横支管上按通气管和排水管的连接规定布置和敷设。

建筑物设置自循环通气的排水系统时,宜在其室外接户管的起始检查井上设置管径不小于100mm的通气管;当通气管延伸至建筑物外墙时,通气管口周围4m以内有门窗时,通气管口应高出窗顶0.6m或引向无门窗一侧;当设置在其他隐蔽部位时,应高出地面不小于2m。

第五章 特殊建筑给排水设计

第一节 建筑水景设计

随着人居环境的不断改善,水景已不再仅是园林建筑的一部分,也成为建筑与建筑小区的重要部分。建筑水景是在建筑环境中,运用各种水流形式、姿态、声音组成千姿百态的水流景色,可以起到美化庭院、增加生气、改进建筑环境、装饰厅堂、提高艺术效果的作用。水景散发出的水滴具有调节空气湿度、降低气温、去除灰尘、构成人工小区气候的功能,起到净化空气、改善小区气候的作用。水池还可作为其他用水的水源,如消防、绿化、养鱼等。

一、水景的类型及选择

(一)水景分类

水景按照水流形态不同可分为以下几种。

1.池水式或湖水式。在广场、庭院及公园中建成池(湖),微波荡漾,群鱼戏水,湖光倒影,相映成趣,分外增添优美景色。特点是水面开阔且不流动,用水量少,耗能不大,又无噪声,是一种较好观赏水池。常见形式有镜池(湖)与浪池(湖)。

2.喷水(喷泉)。这是水景的主要形式。在水压作用下,利用各种喷头喷射不同形态的水流,组成千姿百态的形式,构成美丽的图景,再配以彩灯,五光十色,景观效果更好。近年来,有使用音乐控制的喷泉,喷射水柱随音乐声音的大小而跳动起落,使人耳目一新,给人以美的享受;还可与各种雕塑相配合,组成各种不同形式的喷泉。此水景适用于各种场合,室内外均可采用,如在广场、公园、庭院、餐厅、门厅及屋顶花园等。常见形式有射流(直射)、冰塔(雪松)、冰柱、水膜、水雾等。

3.流水。使水流沿小溪流行,形成涓涓细流,穿桥绕石,引人入胜,可使建筑环境生动活泼,一般耗能不大。常见形式有溪流、渠流、漫流、旋流等,可用于公园、庭院及厅堂之内。

4.涌水。水流自低处向上涌出,带起串串闪亮如珍珠般的气泡,或制造静水涟漪的景观,别有一番情趣。大流量涌水令人赏心悦目,可用于多种场合。常见形式有涌泉、珠泉等。

5.跌水。水从高处突然跌落,飞流而下,击起浪花朵朵,景观雄伟;或水幕悬吊,飘飘下垂。常见形式有水幕、瀑布、壁流、孔流、叠流等。在某些城市的中心广场,将宏大的水幕作为银幕放映电影,可谓是景中生景;建在建筑大厅内效果也不错。缺点是运行噪声较大,能耗高。

(二)水景造型的选择

水景形态种类繁多,没有固定形式可以遵循,应根据置景环境、艺术要求与功能选择适当的水流形态、水景形式和运行方式。一般原则如下:

1.服从建筑总体规划,与周围建筑相协调。以水景为主景观的要选择超高型喷泉、音乐喷泉、水幕、瀑布、叠流、壁流、湖水以及组合水景。陪衬功能的水景要选择溪流、涌泉、池水、叠流、小型喷泉等。安静环境要选择以静为主题的水景,热闹环境要选择以动为主题的水景,总体设计应做到主次结合,刚柔并进。

2.充分利用地形、地貌和自然景色,做到顺应自然、巧借自然,使水景与周围环境融为一体,节省工程造价。

3.考虑建成后对周围环境的影响。对噪声有要求时尽量选择以静水为主的水景,喷洒水雾对周围建筑有影响时尽量不要选超高喷泉等。

4.组合水景水流密度要适当,以幽静淡雅为主题时,水流适当稀疏一些;以壮观为主题时,水流适当丰满一些;以活泼快乐为主题时,水柱数量与变化可以多一点。

二、水景给排水系统

建筑水景一般由水面建筑、照明系统、水池及给排水系统组成。给排水系统则由水源、水池、加压设备、供水管路、出水口或喷头、管路配件、回水管路、排水管道、溢水管路等部分组成。水景常见给水方式有以下两种：

1.直流系统。如果水景用水量小，水源供水能满足使用要求，为了节省能量、简化装备，可采用直流方式。水源一般采用城市给水管网供水，也可采用再生水作为景观水源，使用后由水池溢流排入雨水或排水管中。

2.循环系统。大型水景观或喷泉，由于用水量较大，喷水所需压力较高，城市供水不能满足需要。为了节省用水，可以采用循环用水系统，即喷射后的水流回集水池，然后由水泵加压供喷水管网循环使用，平时只需补充少量的损失水量。损失水量包括蒸发、排污及随风吹散等部分。对于小型水景，可在水池中设置潜水泵，就地循环，不必另建集水池和泵房。

三、水景系统的设计

(一)给水管道系统

喷泉的给水管道分为水源引入管与喷泉配水管，配水管上装设喷头，为了保持各喷头的水压均匀，配水管常采用环形管并使喷头在管上对称布置。每组喷头应有调节阀门，阀门常采用球阀，以便调节喷水量和喷水高度。管线布置应力求简短，流速不可过高，以减小压力损耗。管道安装技术要求较高，转弯应当圆滑，管径要渐变，接口要严密，安装喷头处必须光滑无缺口，无粗糙和毛刺。管道安装应有不小于0.02的坡度，坡向集水坑，以利泄空水池。选用管材时，输水管可用铸铁管或钢管，配水管用钢管、塑料管、不锈钢管、复合管等。钢管应涂防腐材料。管路配件包括球阀、电磁阀、电动阀、蝶阀、止回阀、水位控制阀等。

为了保持池中正常水位，需设置补充水管，以补充喷水池的水量损失。补充水管可装设浮球阀或其他自动控制水位的设备。

(二)排水管道

池内要装设溢流管及排水管,排水管上需要安装闸门,在排水管的闸门之后,可与溢流管合并成一条总排水管,排入雨水管中。

(三)加压设备

喷泉的加压设备多选用离心清水泵或潜水泵。有循环加压泵房时采用清水泵,无条件设加压泵房时采用潜水泵。根据喷头出口压力与流量经水力计算确定水泵流量和扬程。泵房宜设于喷水池附近,以便观察和调整喷水效果;也可将泵房置于喷水池之下的地下泵房,加压水泵可同时作为泄空水池排水之用。用加压泵排水时,排水出口要设置消能井。

(四)水源

水景水质应符合现行《地表水环境质量标准》(GB3838—2002)相关条文规定要求。当喷头对水质有特殊要求时,循环水应进行过滤等处理。一般可采用生活饮用水、清洁的生产用水和清洁的河、湖水为水源。小型喷泉用水量很小的直流系统可采用自来水作为水源;大型喷泉采用循环系统时,如附近有适宜的生产用水或天然水源时,可以作为水源,也可采用自来水作为补充用水的水源。

(五)水池

水池(湖)是水景的主要组成部分之一,它具有点缀景色、储存水量和装设给排水管道系统的作用,也可装置潜水循环水泵。水池的形式有圆形、方形、多边形及荷叶边形等。池的大小视需要而定。池的深度一般不小于0.5m。池底应有坡度坡向集水坑,以利检修和冬季泄空之用。如配水管路设于水池底上时,管上应铺设卵石掩盖。小型水池可用砖石砌造,大池宜用钢筋混凝土制造。水池(湖)要求防水、防渗、防冻,以免损坏和渗漏,浪费水资源。

(六)灯光与音乐

喷水池喷出千姿百态的水景,如配以五颜六色的彩灯,则更增加动人的景色。灯光视需要而定,一般黄绿色视感度最强,红蓝色较弱,灯应距喷头较近,照光效果好。音乐喷泉的水柱随音乐声音的高低、强弱通过电控而起伏跳动,更增添喷泉的生动美妙之感,颇受人们喜爱。

(七)喷头

喷头是喷泉系统的主要组成部分,是喷射水柱的关键设备。射流的形状、流量依喷头的喷嘴类型及其直径而定,射流的高度与喷头前的水压有关。喷头布置成垂直或不同倾斜的角度,会影响喷头的喷射高度和喷射距离。

喷头种类繁多,可根据不同的要求选用,下面介绍几种常用的喷头。

1.直射喷头。水流沿筒形或渐缩形喷嘴直接喷出,形成较长水柱,是喷头的基本形式。其构造简单,造价低廉。如果制成球形铰接,可以调节喷射角度。

2.散射式(牵牛花喷头)。水流在喷头内由于离心作用或导叶的旋转作用而喷出,散射成倒立圆锥形或牵牛花形。有时也用于工业冷却水水池中;也可利用挡板或导流板,使水散射成倒圆锥形或蘑菇形。

3.掺气喷头。利用喷头喷水造成的负压吸入大量空气或使喷出水流掺气,体积增大,形成乳白色粗大水柱。

4.缝隙式喷头。喷水口制成条形缝隙,可喷出扇形水膜;或使水流折射而成扇形;若制成环形缝隙则可喷成空心圆柱,使用较小水量造成壮观的粗大水柱。

5.组合式喷头。用几种喷头或同一种多个喷头构成一种组合喷头,可以喷出极其壮观的水流图案。这种组合的喷头种类繁多。例如直射与散射组合成百合花形喷头;用不同角度的直射喷头组成指形或扇形水柱;环形管上装设多个直射喷头,如使喷头装设的角度不同,可以形成各种形状的水柱图案;在空心体或半球体上装设多个小型直射式喷头,组成蒲公英花式组合喷头,可形成球形或半球形花式等。总之,可以根据设计需要进行多种组合。

除此以外,常用的喷头还有:涌泉喷头、半球形喷头、蒲公英喷头、集流直射喷头、旋转喷头、水雾喷头等。

喷头选择应根据喷泉水景的造型确定,为保证喷泉的喷水效果,必须保证喷头的质量。喷头材质应是不易锈蚀、经久耐用、易于加工的材料，如青铜、黄铜、不锈钢等金属材料。小型喷头也可选用塑料、尼龙制品。为保持水柱形状，喷头加工制作必须精密，表面采用抛光或磨光，各式喷头均需符合水力学要求。具体选择何种喷头应根据喷泉水景的造型确定，流量与扬程计算按厂家给出的产品性能参数确定。

(八)喷泉造型

运用基本射流可以设计出多种优美的喷泉造型。设计射流的形式、喷射高度、喷水池平面形状等方案时，应仔细考虑喷泉所处的位置、地形、周围建筑以及所要形成的气氛，必须使喷泉与建筑协调，增加建筑的美感，使人们在观赏时可以得到美的享受。

1.单股射流。由一股垂直上射的水柱形成，水柱高度根据需要而定，可由几米到几十米，甚至可达百余米。小型单股射流可设置于庭院或其他地方，设备简单，装设方便，在不大的范围内形成较好的景观效果。

2.密集射流。由多个单股射流组成不同高度的密集射流，形成较大型的几何图形，甚为壮观，适用于具有大视野的场合，如车站、广场、机场等处。

3.分散射流。利用不同的射角和不同射程的射流组成分散射流喷泉，常用于公共建筑物的广场上。

4.组合射流。利用密集射流和分散射流组合而成，可以形成多种多样的美丽图形，适用于大型建筑前广场。

第二节　游泳池给排水设计

一、游泳池类型与规格

游泳池的大小一般无具体规定，平面形状也不一定是矩形，实际设计中可采用不规则的形状，或加入一些弧线形。

二、水质和水温

(一)水质

游泳池初次充水和使用过程中的补充水水质应符合《生活饮用水卫生标准》(GB 5749—2022)的要求,人工游泳池水质卫生标准见表5-1。

表5-1 人工游泳池水质卫生标准

序号	项目	标准
1	水温	22~26℃
2	pH值	6.5~8.5
3	浑浊度	≤5NTU
4	尿素	≤3.5mg/L
5	余氯	游离余氯:0.3~0.5mg/L
6	细菌总数	每 mL 不超过 1000 个
7	总大肠菌群	每 L 不得超过 18 个
8	有害物质	参照相关标准执行

(二)水温

游泳池内的水温,室内以 25~29℃ 为宜,儿童池为 28~30℃;有加热装置的露天游泳池采用 26~28℃,无加热装置时为 22~23℃。

三、给水系统

按节约用水的原则,应采用循环净化给水系统,而不应采用直流式供水系统。游泳池初次充水时间一般为 24~48h,如条件允许,宜缩短充水时间。

游泳池的初次充水以及使用过程中的补充水,应经补给水箱供水,以防止污染自来水水源,并控制游泳池的进水量。补充水的计算,应包括池面的蒸发损失、游泳者进出水池时带走的池水和过滤设备反冲洗时排掉的冲洗水。

补给水箱的设置要求如下:

1.补给水箱水面与泳池溢流水面具有大约 100mm 的高差。

2.水箱容积不必太大,但水箱的进水量宜大,且应靠近泳池设置。

3. 进水管可设两个进水浮球阀,或一个低噪声的液压式进水阀。进水间出口应高于游泳池溢流水位 100mm 以上,以防止水回流造成污染。

4. 对游泳池连通管的直径,除了考虑初次充水的流量外,还应考虑补水时的阻力损失。连通管不必设阀门。

5. 补给水箱的材料,可和生活贮水池(箱)相同,若采用钢筋混凝土或砖砌体做箱体时,池壁及池底应铺砌白瓷片;采用金属结构时,可用不锈钢焊接,也可用玻璃钢水箱,可采用碳钢涂防腐油漆的水箱。

四、循环水系统

(一)循环方式

不同使用功能的游泳池应分别设置各自独立的循环系统,游泳池常用循环方式有顺流循环、逆流循环、混合循环 3 种。

顺流循环的全部循环水量从游泳池的两端壁或两侧壁上部进水(也可采用四壁进水),由深水处的底部回水。底部回水口可与排污口合用。此方式能满足配水均匀、防止出现死水区的要求。设计时应注意进水口均匀布置,且各进水口与回水口的距离大致相同,以防止短流或形成死水区。

逆流循环方式在池底均匀布置给水口,循环水从池底向上供给,周边溢流回水。这种方式配水较均匀,底部沉积物较少,有利于排除表面污物,但基建投资费用较高。

混合循环方式从池底和两端进水,两侧溢流回水。

(二)循环周期

游泳池池水的循环周期见表 5-2,使用人数多可采用较短的循环周期;反之,则采用较长的循环周期。

表 5-2　游泳池池水循环周期(单位:h)

比赛池训练池	跳水池	俱乐部、宾馆内游泳池	公共游泳池	儿童池	儿童戏水池	公用按摩池	专用按摩池	家庭游泳池
4~6	8~10	6~8	4~6	2~4	1~2	0.3~0.5	0.5~1	8~10

(三)循环流量

循环流量可按下式计算：

$$q = \alpha V / T$$

式中，q——循环流量（m^3/h）；

α——管道和过滤设备水容积附加系数，一般为 1.05～1.1；

V——游泳池池水容积（m^3）；

T——循环周期（h）。

(四)循环水泵

循环水泵可用单级单吸式离心水泵或潜水泵，一台工作，一台备用。所选水泵流量既要满足循环流量的需要，也要满足反冲洗时水量的需要。当反冲洗水量比循环流量大很多时，可将两台泵同时启动作反冲洗之用。

水泵的扬程等于循环水系统管道和设备的最大阻力以及水泵吸水池水面与游泳池水面高差之和。当水泵直接从游泳池吸水而形成闭路循环时，则不存在水面差问题。水泵吸水管内的水流速度宜采用 1.0～1.5m/s；水泵出水管内的水流速度宜采用 1.5～2.5m/s；水泵进水管和出水管上，应分别设置压力真空表和压力表。

室内游泳池管道与水泵进出口阀门的连接处应设可曲挠橡胶软接头，以防止水泵运行时的噪声通过管道传至建筑物的结构上，影响周围房间的安静。

(五)循环管道

循环给水管内的水流速度不宜超过 2.5m/s；循环回水管内的水流速度宜采用 0.7～1.0m/s。管道材料多采用塑料给水管，有特别要求时，也可选用铜管和不锈钢管。管道耐压应满足水泵扬程的要求（一般水泵扬程是 20～30m）。由于塑料的线膨胀系数大于钢管，管道位置设计时必须考虑其可以伸缩而不致损坏。当池水要加热时，尤其要注意此问题。

循环管道宜敷设在沿池子周边的管廊内或管沟内，管廊、管沟应留人孔及吊装孔；沿池子周边埋地敷设的循环管道，当为碳钢管道时，管外壁应采取防腐措施；当为非金属管道时，应有保证管道不被压坏的防护措施。

五、水质净化与消毒

(一)预净化

当游泳池的水进入循环系统时,应先进行预净化处理,以防止水中夹带颗粒状物、泳者遗留下的毛发及纤维物体进入水泵及过滤器。否则,既会损坏水泵叶轮,又影响滤层的正常工作。所以,在循环回水进入吸水管阀门之后、水泵之前,必须设置毛发聚集器。

毛发聚集器的原理与给水管道上的 Y 形过滤器相同,但因聚集器的过滤筒必须经常取出清洗,因此取出滤筒处的压盖不要采用法兰盘连接,而应采用快开式的压盖,否则每次清扫需要较长时间。

毛发聚集器一般用铸铁制造,其内壁应衬有防腐层,也有用不锈钢制造的,防腐性能较佳。过滤筒应用不锈钢或紫铜制造,滤孔直径宜采用 3mm。

国内生产的快开式毛发聚集器主要有 DN100,DN150,DN200,DN250 等规格,当流量超过单个设备的过水能力时可并联使用。

(二)过滤

过滤是游泳池水净化工艺的主要部分。一般采用压力过滤器,其过滤效率高,操作简便且占用建筑面积少。专为游泳池设计的压力过滤器外壳和内件均用不锈钢制造,过滤器直径分别为 600mm 及 800mm,滤速约 40mm/h,最高处理水量可达 $15 \sim 25 m^3/h$。单层滤料一般采用石英砂;双层滤料上层为无烟煤,下层为石英砂;三层滤料上层为沸石,中层为活性炭,下层为石英砂。过滤器经一段时间运行后,滤层积聚了污物,使过滤阻力加大而滤速降低,此时应对滤料进行反冲洗,反冲洗水源可利用游泳池的贮水而不必另设贮水池。

(三)加药及加药装置

水进入过滤器前,应投加混凝剂,使水中的微小污物吸附在絮凝体上,以提高过滤的效果;滤后水回流入池前,应投加消毒剂消灭水中的细菌;同时,为使进入泳池的滤后水 pH 值保持在 6.5～8.5,需投药调节 pH 值。

混凝剂一般宜用精制硫酸铝、明矾或三氯化铁等,投加量随水质及水温、气温而变化,一般投加量为 5～10mg/L,实际运行中可经检验而确定其最佳投入量。pH 值调整剂一般可用碳酸钠、碳酸氢钠或盐酸,投加量为 3～5mg/L,具体应根据池水的酸碱度而调整投药量。为防止藻类生长,可投加 1～5mg/L 硫酸铜。

投药方式应采用电动计量泵,其优点是能够进行定时、定量投加,当需要变更投药量时,可按需调整,使用起来十分方便。投药应用耐腐蚀的塑料给水管,或夹钢丝的透明软塑料管作为投药管。投药容器应耐腐蚀,并装有搅拌器。

(四)消毒

游泳池池水必须进行消毒处理。常用的消毒方法有氯消毒、紫外线消毒及臭氧消毒等,以氯消毒使用最多。

采用氯消毒时不要使用液氯,因液氯有刺激性气味,可能对游泳者的眼睛产生刺激作用;同时,液氯属危险物品,在运输及使用过程中,易引起事故。常用氯片、二氧化氯及次氯酸钠溶液等作为消毒剂。固体消毒剂应调配成溶液后湿式投加。投氯量应满足消灭水中细菌的需要,一般夏季用量为 5mg/L、冬季用为 2mg/L,使游离余氯量为 0.4～0.6mg/L、化合性余氯为 1.0mg/L 以上。需定期取水样化验,以便调整投加量;一般采用电动计量泵投加消毒剂。紫外线消毒和臭氧消毒是有效的杀菌方法,但成本较高,且无持续的杀菌效果,不能消灭游泳者带入的细菌,故用于游泳池的水消毒有其局限性。若采用这两种方法消毒游泳池水,需辅以氯消毒,以达到水质卫生标准要求的余氯量。

六、水的加热

设计标准较高的室内游泳池,应考虑对游泳池水加温,以适应冬季时使用。当有蒸汽供应时,可采用汽—水快速热交换器,水从加热管的管内通过,蒸汽从管间通过,不宜采用直接汽—水混合的方式。需要独立设置发热设备为游泳池水加热,或与热水系统合用发热设备时,宜用低压热水进行水的热交换。

池水加热时,可在循环回水总管上串联加热器,把水升温之后再流入游泳池,即循环过滤与水加热一次完成。加热器应接旁通管,以备调节通过加热器的流量;当夏季无须加热时,水由旁通管进入游泳池。串联加热器之后,循环水泵的扬程应将加热器的阻力计算在内。

游泳池补充水加热所需的热量,按下式计算:

$$Q = 4.1868q(t_r - t_b)/T$$

式中,Q——游泳池补充水加热所需的热量(kJ/h);

　　　q——游泳池每日的补充水量(L);

　　　t_r——游泳池水的温度(℃);

　　　t_b——游泳池补充水的水温(℃);

　　　T——加热时间(h)。

七、附属装置

(一)进水口

顺流式循环系统的进水口设于池侧壁上,数量应满足循环流量的要求。为了使配水均匀不产生涡流和死水区,进水口直径一般为40～50mm。进水端呈喇叭形,水平间距为2～3m。拐角处进水口与另一池壁的距离不宜大于1.5m。因为最大水深不超过1.5m,而回水口设在池底,故进水口设在水面下0.5m处,既可以防止余氯散失,也防止出现短流。进水口在壁面应设可调节水量的格栅,可使水流扩散均匀,又可调节各进水口的水量。

(二)回水口

回水口设于池底的最低处,并同时要考虑回水时水流均匀,不出现短流现象。其流量与进水量相同,但数量应比进水口少,故回水口及其连接管均比进水口大,并应以喇叭口与回水管连接。喇叭口应设隔栅盖板,栅条净距不大于 15mm,孔隙流速不大于 0.5m/s。栅条用不锈钢制成,或用塑料管压注而成,应固定牢靠。

(三)泄水口

泄水口一般与回水口共用,在管道上设阀门控制游泳池水循环过滤或排放。

(四)吸污设备

游泳池使用后,池底会产生沉淀物,影响卫生,应在不排掉贮水的情况下能把污物吸出,一般将吸污口设在池壁水面下 0.4～0.5m 深处,视池面积的大小设一个或数个塑料制的吸污口。其位置及数量,以能使吸污器到达池底任何部位为准。吸污口是装于池壁带内丝扣的接头,外丝扣用于接管通向排污泵,内丝扣平时旋上堵头。使用时,接上吸污器的软胶管,启动吸污泵后,用手柄往返推动吸污器,即可将污物吸出。吸污口的安装方法与进水口相同。吸污泵可单独设置,也可利用循环水泵代替。

(五)溢流水槽(沟)

溢流水槽(沟)用于排除游泳者下水时溢出的池水,并带走水面的漂浮物。溢流水槽有池壁式和池岸式两大类。

池壁式溢水沟除了施工困难外,水面与池岸还存在 300～500mm 的高差,浪费空间,沟壁易黏滞污物,故近年极少使用。

池岸式溢流沟解决了池壁式溢水沟的缺陷,水沟宽度不小于 150mm,也不宜大于 200mm,沟面必须设栅盖,盖面既可以排除溢流水,又可以在上面行人。格栅用 ABS 塑料制作,栅面应有防滑措施。块状的塑料格栅仅能用于直线的溢水沟;条状拼装组合型的格栅,既能用于直线的水沟,也能随水沟的弧线而变化,使用灵活。

(六)水下灯

游泳池内安装水下灯,除了晚上开放照明美观外,也给游泳者增加了安全感。可按灯光颜色要求配置各种透明有色灯盖。灯具应暗藏于池壁之内,也可在浇筑池壁混凝土之前,把灯具的不锈钢外壳预埋其内,待土建完成后,再穿电线及安装灯具。由于灯具安装于水中,且与人体接近,要求低压直流供电,电线及其连接方法均必须防水。

八、洗净与辅助设施

为了减少游泳者带入池内的细菌,在进入游泳池的必经通道上,设置强制淋浴及浸脚消毒池(有强制淋浴时,供游泳者使用的淋浴间不能取消)。

强制淋浴应为自动控制,有人通过时,淋浴器才喷水,人通过后自动停止供水。

浸脚消毒池应设于强制淋浴之后,且有一定距离,防止淋浴水溅入而使消毒液稀释。消毒池长度不少于 2m,液深不少于 0.15m,消毒液余氯量不低于 10mg/L。消毒液的排放管应采用塑料给水管,并安装塑料阀门控制。为防止管道被杂物或泥沙堵塞,公称管径不宜小于 80mm。消毒液应中和或稀释后才能排入市政排水管网。

九、卫生设备排水系统

在游泳池的实际建设中,一般根据池水总表面积确定其卫生设备的数量。

游泳池设于首层或楼层之上者,排放池水时应首先考虑重力排水;不能重力排放时应尽量利用循环水泵泄水。

室外的雨水不应流向游泳池的溢水沟,以免雨量大时可能有少量雨水流入而污染游泳池。池岸周边应设雨水排水口及龙头,以备清洗溢水沟格栅及池岸之用。清洗水和雨水可合流入城市排水系统中。

第三节 绿地喷灌给排水设计

园林绿地草坪是为改善环境、增加美感、陶冶性情等目的而栽植的,因此,要求它们最好常年生长皆绿。喷灌是将灌溉水通过由喷灌设备组成的喷灌系统形成具有一定压力的水,由喷头喷射到空中,形成细小的水滴,均匀地喷洒到土壤表面,为植物正常生长提供必要水分的一种先进灌水方法。与传统的地面灌水方法相比,喷灌具有节水、节能、省工和灌水质量高等优点。喷灌的总体设计应根据地形、土壤、气象、水文、植物配置条件,通过技术经济比较确定。

一、绿地喷灌系统的组成与分类

(一)绿地喷灌系统的组成

喷灌系统通常由喷头、管材和管件、控制设备、过滤设备、加压设备及水源等组成。

1.喷头

喷头是喷灌系统中的重要设备。它的作用是将有压水流破碎成小的水滴,按照一定的分布规律喷洒在绿地上。为了达到喷灌系统的设计和使用要求,选用喷头应符合以下条件。

(1)在设计工作压力下,能够将连续水流破碎成细小水滴,具有良好的雾化能力。

(2)在设计工作压力和无风条件下,具有一定的水量分布规律。

(3)喷头材质具有良好的抗老化、耐腐蚀和抗机械冲击等性能。

(4)结构合理,使用方便,经久耐用。

2.管材和管件

用于绿地喷灌系统的管材和管件应该保证在规定的工作压力下不发生开裂和爆管现象,同时,应具有抗老化、不锈蚀、便于安装的性能。

塑料管比金属管更适合绿地喷灌,因为塑料管具有化学性能稳定、水力性能好、材质轻、密封性能好、施工期短等优点。

管件包括弯头、直通、三通、异径管、堵头和各种阀门等。

3.控制设备

喷灌系统的运行靠各种控制设备来实现。按照控制设备的使用功能,可将其分为状态性控制设备、安全性控制设备和指令性控制设备。

状态性控制设备的作用是控制管网水流方向、流量和压力等状态参数,如各种球阀、闸阀、电磁阀和水力阀等。

安全性控制设备的作用是保证喷灌系统的运行安全和正常维护,如减压阀、逆止阀、空气阀、水锤消除阀和自动泄水阀等。

指令性控制设备包括各种自控阀门的控制器、遥控器、传感器、气象站和中央控制系统等。

4.过滤器

当喷灌用水中含有固体悬浮物或有机物时,需采用过滤器对水中的杂质进行分离和过滤,以免堵塞系统中的阀门和喷头。按照不同的工作原理,可将过滤器分为离心过滤器、砂石过滤器、网式过滤器和叠片过滤器。

利用地表水或含沙量较大的地下水作为喷灌水源时,经常会用到过滤器。使用处理后的生活或生产废水作为喷灌用水,也可能需要过滤设备。过滤器的使用会增加喷灌系统的工程造价,但确实会给系统的运行和管理带来许多方便。

5.加压设备

加压设备包括各类水泵、变频供水装置和高位水箱等,规划设计时应根据具体情况经计算选用。

6.水源

绿地喷灌的水源有多种形式,市政或局域供水管网、中水回用、井、泉、湖泊、池塘、河流和渠道等都可能为喷灌系统提供良好的水源。无论采用哪种水源,首先应该满足喷灌系统对水质和水量的要求。

水源的条件对于喷灌系统的规划设计是至关重要的。进行喷灌系统的规划设计时,必须通过现场的勘察,对不同的水源进行分析和比较,选择技术上可行、经济上合理的供水方案。

(二)绿地喷灌系统的分类

绿地喷灌系统可以按照管道敷设方式、控制方式和供水方式3种分类方式进行划分。

1.按管道敷设方式分类

(1)固定型喷灌系统。指管网的支、干管均为地下敷设的喷灌系统。

固定型喷灌系统具有操作方便、易于维护管理和便于实现自动化控制等优点,但系统设计水平的要求较高,一次性投入较大。

(2)移动型喷灌系统。指管网的干管为地下或地上敷设,支管均为地上敷设的喷灌系统。移动型喷灌系统的前期投资小,但使用和维护不便,难以实现自动化控制。

2.按控制方式分类

(1)程控型喷灌系统。指闸阀的启闭是依靠预设程序控制的喷灌系统。程控型喷灌系统操作简单、省时、省力,有利于提高绿地的养护质量,实现绿地的高效管理;系统的运行程序由园林专家根据植物的需水要求和气象条件事先设置,从而在使用中可以有效地避免人为因素对绿地养护的不利影响。只有不断地建立和完善能够独立运行的程控型喷灌系统,将来逐步实现区域性喷灌系统的集中化和智能化管理才有可能。另外,程控型喷灌系统能够轻松地做到夜间运行。提倡夜间喷灌的主要原因是:白天空气湿度低,蒸发损失大,夜间喷灌更有利于节水;白天多为用水高峰期,管网水压较低,夜间喷灌有利于保证喷头的工作压力。

(2)手控型喷灌系统。指人工启闭闸阀的喷灌系统。手控型喷灌系统的投资成本略小于程控型喷灌系统,但这种系统不便于操作管理,绿地的养护质量受个人因素影响较大,不便实现智能化控制和区域性集中控制。

3.按供水方式分类

(1)自压型喷灌系统。指水源的压力能够满足喷灌系统的设计要求,无需进行加压的喷灌系统。自压型喷灌系统常见于以市政或局域管网为喷灌水源的场合,多用于小规模园林喷灌系统。

(2)加压型喷灌系统。当水源是具有自由表面的水体,或水压不能够满足喷灌系统的设计要求时,需要在喷灌系统中设置加压设备,以保证喷头足够的工作压力,这样的喷灌系统称为加压型喷灌系统。加压型喷灌系统常见于以江、河、湖、溪、井等水体作为喷灌水源的场合。使用管网水源但地形高差太大,水压不足时,应采用加压型喷灌系统,大规模园林绿地和运动场草坪的喷灌多采用加压型喷灌系统。

二、喷头选型与布置

绿地喷灌系统的喷头选型与布置,首先,应该满足技术方面的要求,包括喷灌强度、喷灌均匀度和水滴打击强度等,保证喷灌系统在技术上的合理性,既满足绿地植物的生长需要,又体现和突出喷灌方式的优越性;其次,应力求降低前期的工程造价和后期的运行费用,充分发挥优化设计的作用;最后,应兼顾喷洒效果的景观要求,使运行中的喷灌系统能够为周边的环境增添一道绚丽的风景。

(一)喷头类型

喷头种类很多,有以下三种不同的分类方法。

1.按照非工作状态分为外露式喷头与地埋式喷头

(1)外露式喷头。指喷头暴露在地面,材质常用工程塑料、铝锌合金、锌铜合金或全铜,早期的喷灌采用此类喷头较多。

(2)埋地式喷头。指埋藏在地面以下的喷头。工作时,喷头喷芯在水压作用下伸出地面,按照一定的方式喷洒;关闭水源时又缩回地面。优点是埋在地下,不影响园林景观效果,不妨碍人们活动,便于管理;喷头射程、射角和覆盖角度等性能易于调节,雾化效果好,适合不规则区域喷灌,可满足园林绿地与运动场草坪的专业化喷灌要求。在城市园林绿地和运动场草坪喷灌系统中,埋地式喷头得到了越来越广泛的应用。

2.按照工作状态分为固定式喷头与旋转式喷头

(1)固定式喷头。工作时喷头喷芯静止不动,有压水流从预设的线状装孔喷出;具有构造简单、喷洒半径小、雾化程度高等优点,是庭院与小规模园林的优选产品。

(2)旋转式喷头。工作时边喷洒边旋转的喷头。水流从一个方向或两个方向(成 180°夹角)的孔口流出。射角、射程、与覆盖面积可以调节,是大面积园林和运动场的优选产品。

3.按照射程分为近射程喷头、中射程喷头与远射程喷头

(1)近射程喷头。射程小于8m,固定式喷头常用此射程。

(2)中射程喷头。射程为8～20m,适合大面积园林的喷灌。

(3)远射程喷头。射程大于20m,适合大面积园林、高尔夫球场和运动场草坪的喷灌。常用于加压系统。

(二)喷头选型与布置

喷头选型可根据生产厂家提供的产品性能资料(即产品样本)确定,其中喷灌强度、有效射程、出水量、射角是喷头的主要技术参数,可在样本中查出。

1.喷灌强度

喷灌强度指单位时间内喷洒在地面上的水深,一般用mm/h表示。

采用旋转喷头时,应通过调换喷嘴改变出水量的方法,保证不同旋转角度的喷头为绿地提供相同喷灌强度的水量。一般地,旋转角度为90°喷头的出水量应为180°喷头的一半,旋转角度为180°喷头的出水量应为360°喷头的一半。

按照喷灌强度的要求选择和布置喷头时,应该遵守的原则是:喷头的组合喷灌强度不得大于土壤允许喷灌强度。喷头选型时,首先根据土壤地质和地面坡度,确定土壤允许喷灌强度,然后再按照喷头布置形式推算单喷头喷灌强度。

2.影响喷头选择的因素

(1)喷灌区域大小。面积狭小的喷灌区域适合采用近射程喷头,这类喷头多为固定式的散射喷头,具有良好的水形和雾化效果;喷灌区域的面积较大时,使用中、远射程喷头,有利于降低喷灌工程的综合造价。

(2)供水压力。不同类型喷头的工作压力也不相同。如果是自压型喷灌系统,应根据供水压力的大小选择喷头类型。当供水压力较低时,可选用近射程喷头,保证喷头的正常工作压力;供水压力较大时,可选用中射程喷头,有利于降低工程造价。对于加压型喷灌系统,喷头工作压力的选择也应适当。太低的工作压力会增加喷灌系统的工程造价,太高的工作压力则会增加喷灌系统的运行费用。喷头选定后,需要通过水力计算确定管网的水头损失,核算供水压力能否满足设计要求。

(3)地貌及种植状况。如果喷灌区域地貌复杂、构筑物较多,且不同植物的需水量相差较大,采用近射程喷头可以较好地控制喷洒范围,满足不同植物的需水要求;反之绿地空旷、种植单一,采用中、远射程喷头可以降低工程造价。

3.喷洒范围

喷灌区域的几何尺寸和喷头的安装位置是选择喷头的喷洒范围的主要依据。如果喷灌区域是狭长的绿带,应首先考虑使用矩形喷洒范围的喷头,从而降低造价。安装在绿地边界的喷头,最好选择可调角度或特殊角度的喷洒范围,使喷洒范围与绿地形状吻合,避免漏喷或出界。

4.工作压力

从理论上讲,喷头的设计工作压力应该在其正常工作压力的范围内,即:

$$P_{min} \leqslant P_{设} \leqslant 0.95 P_{max}$$

式中,$P_{设}$——喷头的设计工作压力(kPa);

　　　P_{min}——喷头的最小工作压力(kPa);

　　　P_{max}——喷头的最大工作压力(kPa)。

在规划设计中,考虑到电压波动或水压波动的可能性,为了保证喷灌系统运行的安全可靠,确定喷头的设计压力时,应满足下式条件:

$$1.1 P_{min} \leqslant P_{设} \leqslant 0.95 P_{max}$$

如果喷灌区域的面积较大,可采用减压阀进行压力分区,使所有喷头的工作压力都能满足上式的要求,以获得较高的喷灌均匀度。

5.喷头布置其他要求

喷头布置的合理性直接关系到喷灌均匀度和喷灌系统的工程造价。布置喷头时应该结合绿化设计图进行,充分考虑地形地貌、绿化种植和园林设施对喷射效果的影响,力求做到喷头布置的合理性。喷头的布置形式有矩形和三角形两种,主要根据地形情况选择使用;喷头的布置间距与当地的平均风速有关,同时也影响着喷灌系统的工程造价。

三、轮灌区划分

绿地喷灌系统中的轮灌区是指受单一阀门控制且同步工作的喷头和相应管网构成的局部喷灌系统。轮灌区划分是指根据水源的供水能力将喷灌区域划分为若干个相对独立的工作区域。划分轮灌区的主要目的在于解决水源供水不足的问题。对于一个 20000m² 绿地的专业化喷灌系统,如果所有的喷头同时喷洒,需水量会高达 200~300m³/h。这在许多情况下是难以实现的。所以,对于规模较大的喷灌系统,必须进行轮灌区划分,根据水源的供水能力给喷灌系统限量供水。

划分轮灌区的另一个原因是降低喷灌系统的工程造价和运行费用。因为划分轮灌区后,大大减小了喷灌系统的需水总流量,从而降低了喷灌系统的干管管径和管网成本。对于自压型喷灌系统,小水量供水自然可以降低喷灌系统的运行费用。

划分轮灌区也是为了满足不同植物的需水要求。在不同的时期,不同的植物有不同的需水要求。所以,规划设计中应根据植物的需水特点分区进行控制性供水,有效满足不同植物的需水要求。

(一)划分轮灌区应遵循的原则

(1)最大轮灌区的需水量必须小于或等于水源的设计供水量,即:

$$Q_{轮max} \leqslant Q_{供}$$

式中,$Q_{轮max}$——最大轮灌区的需水量(m^3/h);

$\quad Q_{供}$——水源的设计供水量(m^3/h)。

(2)在满足上式的条件下,轮灌区数量应适中。轮灌区数量过多,给喷灌系统的运行管理带来不便,同时也有可能增加管道成本;轮灌区数量过少,则管道成本较高。条件允许时,可以在技术和经济两个方面进行多方案比较后确定。

(3)各轮灌区的需水量应该接近,保证供水设备和干管能够在比较稳定的工况下工作。

（4）将需水量相同的植物划分在同一个轮灌区里，以便在绿地养护时对需水量相同的植物实施等量灌水。

(二)计算出水总量

喷灌系统全部喷头的出水总量为：

$$Q = \sum_{i=1}^{n} q_i$$

式中，Q——喷灌系统出水总量（m^3/h）；

      q_i——第 i 个喷头的出水量（m^3/h）；

      i——喷头序号；

      n——喷灌系统的喷头总数。

(三)计算轮灌区数量

假设整个喷灌系统的喷头总数为 n，第 i 个喷头的出水量为 q_i，由上式可得到喷灌系统全部喷头的出水总量为 Q。若 $Q_供$ 表示水源的设计供水量，那么，($Q/Q_供 + 1$)的整数部分即为该喷灌系统的最小轮灌区数。从理论上讲，该喷灌系统的轮灌区数量可以是大于这个数值的任何整数。

但实际上，经常遇到的情况是：喷灌系统覆盖若干个地块，每个地块里又有不同的种植区域，且它们的需水量各不相同。这时应分别计算每个地块和每个种植区域里喷灌系统的出水总量，根据该喷灌系统的类型（自压型或加压型）确定轮灌区数量。如果是自压型喷灌系统，则应多考虑水量平衡的因素，除非采用变频加压设备。

四、管网设计

管网设计包括管网布置和管径计算，是喷灌系统技术设计的一个重要环节。管网设计的质量不仅影响着喷灌系统的技术指标，也直接关系着喷灌系统的工程造价和运行费用。

(一)管网布置

1.一般原则

绿地喷灌系统的管网布置形式取决于喷灌区域的地形、坡度、喷灌季节的主风向和平均风速、水源位置等。一般情况下，依据以下原则：

（1）力求管道总长度最短，以便降低工程造价，减小水锤危害。

（2）尽量沿着轮灌区的几何轴线布置管道，力求最佳的水力条件。

（3）同一个轮灌区里任意两个喷头之间的设计工作压差应小于20％，以求较高的喷灌均匀度。

（4）存在地面坡度时，干管应尽量顺坡布置，支管最好与等高线平行。

（5）当存在主风向时，干管应尽量与主风向平行。

（6）充分考虑地块形状，力争使支管长度一致，规格统一。

（7）尽量使管线顺畅，减少折点，避免锐角相交。

（8）避免穿越乔、灌木根区，减小对植物的伤害，方便管线维修。

（9）尽量避免与地下管线设施和其他地下构筑物发生冲突。

（10）力争减少控制井数量，降低喷灌系统的维护成本。

（11）尽量将阀门井、泄水井布置在绿地周边区域，以便于使用和检修。

（12）干、支管均向泄水井或阀门井找坡，确保管网冬季泄水。

在执行以上原则时，有时会出现矛盾。应根据具体情况分析比较，分清主次，合理进行管网布置。

2.布置形式

绿地喷灌系统的管网形式有丰字形和梳子形。在水源位置不变的情况下，丰字形布置可以带来更好的压力均衡，但有时会增加干管用量。规划设计时，应根据喷灌系统的水源位置选择管网的布置形式。

（二）水力计算

对于一般规模的绿地喷灌系统，如果采用塑料管件，可以利用下式确定管径：

$$D=22.36\sqrt{\frac{Q}{v}}$$

式中，D——管道的公称外径（mm）；

　　　Q——设计流量（m³/h）；

　　　v——设计流速（m/s）。

上式的适用条件是：设计流量 $Q = 0.5 \sim 200 m^3/h$，设计流速 $v = 1.0 \sim 2.5 m/s$。鉴于同样流速下，管道的水力坡度（单位管长的沿程水头损失）随管径减少而增加的事实，建议当管径≤50mm 时，管中的设计流速不要超过表 5-3 规定的数值。

表 5-3　管道的最大流速

公称外径/mm	15	20	25	32	40	50
最大流速(m/s)	0.9	1.0	1.2	1.5	1.8	2.1

另外，从喷灌系统运行安全的角度考虑，无论多大管径的管道，管道最大水流速度不宜超过 2.5m/s。

五、灌水制度与其他措施

(一)灌水制度
灌水制度包括轮灌区的启动时间、启动次数和启动的喷洒历时。

1.启动时间
为了满足植物生长的需要，必须选择喷灌系统的启动时间，既要及时供水，又要避免过量供水。有经验的绿地养护人员会采用不同的方法来确定喷灌系统的启动时间。例如：

(1)土壤法。根据土壤情况判断灌水的必要性是最简单和最常用的方法。其实依据植物根区上半部分或上边 2/3 部分土壤的颜色和物理外貌，就可判断是否应该启动喷灌系统。常用工具有土壤螺旋钻、探测器、取样土钻等。张力计被广泛用来测定某些植物土壤的水分状况；土壤水分试块也被广泛地用于多种植物。当地的介绍和经验是使用这类方法的最好指导。

(2)植物法。有些植物颜色的变化反映了土壤的水分状况。所以，根据这个特点可以制定灌水制度。如果植物的外观不能及时地表现出缺水的影响，则不能作为尺度。当地有关这类植物的资料介绍和宣传是植物是否能够作为判断尺度的最好资料来源。

(3)记录法。记录法是估计植物根区目前还剩多少有效土壤水分的一种方法。通常利用蒸发皿来完成这项工作。这个方法是否成功,很大程度上取决于在本灌区的标准。

2.启动次数

单位绿地面积在1年中的需水总量称为灌溉定额。灌溉定额与日照、蒸腾和风速等气象条件,以及土壤和植物特性等因素有关。喷灌系统在1年中的启动次数可按下式确定:

$$\tau=\frac{M}{m}$$

式中,τ——1年中喷灌系统启动的次数;

M——设计喷灌定额(mm);

m——设计灌水定额(mm)。

3.喷洒历时

每个轮灌取的喷洒历时与设计灌水定额、喷头的出水量和喷头的组合间距有关。如果喷头按三角形布置,喷洒历时可由下式确定:

$$t=\frac{hlm}{2000q}$$

式中,t——轮灌区的喷洒历时(h);

h——喷头布置三角形的高(m);

l——喷头布置三角形的底(m);

m——设计灌水定额(mm);

q——喷头的出水量(m^3/h)。

如果喷头按矩形布置,喷洒历时可由下式确定:

$$t=\frac{abm}{1000q}$$

式中,a——横向喷头组合间距(m);

b——纵向喷头组合间距(m);

其余符号的意义同前。

(二)安全措施

绿地喷灌系统规划设计不能忽视安全设施。安全设施具体包括防止回流、水锤防护和管网的冬季防冻等。

1.防止回流

对于以饮用水(如市政管网)作为喷灌水源的自压型喷灌系统,必须采取有效措施防止喷灌系统中的非洁净水倒流、污染饮用水源。导致回流的原因是供水管网产生真空,即使只是很短时间的真空状态。引起供水管网产生真空的原因,可能是附近管网检修,消防车充水或局部管网停水等。一旦产生真空,喷灌管网中所有的水,包括喷头周围地面的积水都可能被吸回供水管网。如果喷头周围的水已经被绿地肥料、除草剂或者是动物粪便污染,情况将更为严重。

防止回流的设备是各类逆止阀。可将逆止阀安装在喷灌系统的干管上,也可以安装在支管上。若安装在支管上,必须位于该支管第一个喷头的上游。逆止阀的安装位置应便于使用和检修。

2.水锤防护

阀门的突然启闭或事故停泵是引发水锤的直接原因。前者引起的水锤压力会达到管道正常工作压力的数倍,后者引起的水锤压力则会达到管道正常工作压力的几十甚至上百倍。防护措施有减小管路水流速度,在管路上设缓闭式阀门等。

3.冬季防冻

由于喷灌PVC管道在绿地喷灌系统中普遍应用,当充满管道内的水冻结时会产生膨胀,可能导致PVC管道破裂,所以寒冷地区喷灌系统规划设计和设备安装的过程中,必须采取冬季防冻措施。入冬前或冬灌后将喷灌系统管道内的水部分排泄,是防冻的有效方法之一。常用的泄水方法有自动泄水、手动泄水和真空机泄水等。

第四节 公共厨房给排水设计

一、设置与类型

厨房是大家非常熟悉的地方,根据使用要求的不同,厨房内容千差万别,各不相同。一个正规的厨房布置,需根据建筑性质、风格和厨房洗、切、配、烧、煮等加工流程,进行厨房工艺设计。如果结构与给排水专业总体设计时考虑不周,往往会造成难以弥补的缺陷;所以设计初期应按照厨房专业要求进行整体规划,必须做好二次设计的预留、预埋工作。有厨房与厨具专业人员参与协调则更佳,会使厨房建设更加完善和实用。

　　选择厨房的位置时,要考虑到副食、饭菜、食具的运送方便,要靠近给水、排水、供汽、供电等。医院厨房要考虑烟尘排放和噪声对病人的影响,噪声宜控制在 40dB 左右。医院厨房的面积,一般可按 $0.8\sim1.0\,m^2/$ 床来计算,如考虑管理用房,再加 $0.27\sim0.3\,m^2/$ 床。饭店厨房的面积与餐厅的面积比为一般 1.1：1;餐厅面积 $1.0\sim1.30\,m^2/$ 座,厨房分为主食加工、副食加工、备餐、食具洗涤、消毒、存放等。厨房墙面宜贴瓷砖,地面铺地砖。

二、设备的配备

　　厨房的设备有蒸饭箱、煮饭锅、摇锅、烤箱、炒灶以及去皮机、切菜机、切丁机、搅拌机、洗米机、和面机、根菜洗涤、剥皮机、球根剥皮机、碎菜机等。除此之外,还有保温配餐台、送饭车、冷藏库等。厨房设备种类繁多,品种发展很快,此处不可能列举齐全。厨房设备采用的能源多为燃气或高压蒸汽,下面介绍几种主要设备。

　　1.摇锅。可用于煮汤、煮面条和饺子等,亦可用于长时间加热、煮物或浸烫菜蔬之用。摇锅一般为不锈钢制的双层夹锅。

　　2.大锅灶系列。灶体由耐热、耐磨不锈钢弯曲成形,经表面处理后组装而成。锅与灶台间有 50mm 厚隔热砖,有给排水设备。

　　3.中餐灶系列。具有火力威猛、升温快捷等优点,能实现高效供菜,一般附设自由水龙头、排水槽等设备,方便使用。中餐灶一般有单炉、双炉、三炉、四炉 4 种型号,适合大、中、小餐厅根据需要选用。

　　4.蒸饭箱。蒸饭箱的构造必须严密,因箱内存有冷空气,在送入蒸汽后,必须把蒸饭箱的排气阀打开,等箱内的冷空气排尽后,将排气阀关闭。

蒸饭箱使用的蒸汽压力为 0.4～0.8MPa，可用作蒸饭、蒸馒头或菜肴。由于蒸饭箱是直接将蒸汽送入，因此要求蒸汽必须清洁，并不得混入化学元素和消毒剂，如果不能保证，可将食物放入盒内再放入蒸汽箱。蒸饭箱的凝结水无法回到锅炉房，可直接排入附近的排水口。蒸饭箱的排气管必须接至室外。蒸饭箱必须附有压力表及安全阀。

5. 洗米机。以水的压力使大米旋转而洗净。

6. 洗菜机。采用水涡动循环原理，被清洗物在水的涡动和冲刷下，在筒内做翻转运动，从而达到洗涤之目的。

7. 冷冻机器。厨房中不可缺少冷冻机器，如不锈钢低温冷藏柜、低温水箱、工作台式冰箱等。

8. 洗碗机。洗碗机为封闭式洗涤箱，利用水的喷射达到洗涤的目的。箱内装数排喷头，食具通过洗涤后，再用蒸汽消毒（或用消毒剂），洗碗所用热水一般为 85℃。该机不但能洗涤餐具，而且能洗锅盆、桶屉、托盘周转箱等大饮具。

9. 加热保温配餐台。它作为主副食的保温收纳之用，一般收容贮存物的数量不大，无一定规格，可用蒸汽或电力加热保温。

10. 隔油器。由于厨房的排水中含有大量油污，极容易堵塞管道，为使排水管道通畅，在食油污水比较集中的地方（如洗碗间、灶台刷锅、洗肉、鱼的地方等）设置隔油器是很有必要的。

三、给排水工程设计

餐饮建筑应设置给排水系统，用水定额及给排水系统的设计应符合现行《建筑给水排水设计标准》（GB50015—2019）的有关规定。

厨房给排水管道宜采用金属管道。对于可能结露的给排水管道，应采取防结露措施。

(一)给水

厨房的用水量应按《建筑给水排水设计规范》（GB50015—2019）规定选用。饮食建筑的生活饮用水水质应符合现行国家标准《生活饮用水卫生标准》(GB5749—2006)的有关规定。给水压力一般在 0.1MPa 以上，但不宜过高。

厨房的用水点有:灶台用水(冷水或冷热混合水)、泡冻肉池、洗菜池、洗菜机(叶类 12.16kg/3.56min,根茎类 16.5kg/3.55min)、洗米机、洗涤池、洗碗机等;另外,还需要冲洗地面、冲洗排水沟等。做饭用蒸汽量 0.5～1.0kg/人,如采用洗碗机,每 1000 个碗碟用蒸汽量 40～50kg/h。热水量则为 150～300L/h。

冷冻或空调设备采用水冷却时,应采用循环冷却水系统。卫生器具和配件应采用节水型产品。厨房专间洗手盆(池)水嘴宜采用非手动开关。

(二)排水

厨房排水应符合下列规定。

(1)采用排水沟时,排水沟与排水管道连接处应设置格栅或带网框地漏,并应设水封装置。

(2)采用管道时,其管径应比计算管径大一级,且干管管径不应小于 100mm,支管管径不应小于 75mm。

餐饮废水排放水质差别较大,一般而言,职工食堂污染物较少,营业类餐饮污染较重,其中西式厨房和西式快餐相对较轻,中餐及中式快餐店较重。具体设计时,应考虑厨房的不同性质和规模大小合理选用。

厨房排水量可按以下方法估算。

(1)按就餐人次用水量,可参照现行的《建筑给水排水设计标准》(GB50015—2019)的用水量的 90% 计算确定;

(2)按餐饮净面积折算人数,一般按 0.85～1.3m^2/人折算就餐人数,就餐次数为 2～4 次/d;

(3)按排水设计秒流量,前提是厨房工艺设计完成,用水设备已确定。

隔油器选型也可参照用餐人数确定:用餐人数 50 人次/d=1L/s;用餐人数 200 人次/d=2L/s;用餐人数 400 人次/d=4L/s;用餐人数 700 人次/d=7L/s;用餐人数 1000 人次/d=10L/s;用餐人数 1500 人次/d=

15L/s;用餐人数 2000 人次/d＝20L/s;用餐人数 2500 人次/d＝25L/s。

如果是中餐厨房,上述流量数值需放大 50%～100%。

在初步设计阶段,一般厨房工艺尚未确定,即使到了施工图阶段也往往跟不上设计要求。排水设计可预留排水设施,建议采取如下措施。

(1)厨房需排水范围作降板处理,一般为 300mm,以便以后在 300mm 垫层内预埋排水支管和做排水沟。

(2)预埋 DN100～DN200 排水管道至隔油处理设备。中小型排水接管可预留 DN150,大型厨房预留 DN200,其管道材质为离心铸铁管或耐高温的塑料排水管,接口标高应适当低一些,考虑厨房重力排水要求。

公共建筑内的餐厅厨房排水可能含有大量的油脂,根据《饮食建筑设计标准》(JGJ64—2017)应进行隔油处理,隔油处理设施宜采用成品隔油装置。在当地市政污水管网和污水处理系统服务范围内时,隔油处理应达到地方相关标准;在市政污水管网和污水处理系统服务范围之外时,其隔油处理应达到国家和地方规定的排放标准。

隔油处理设备设置原则如下:

(1)靠近排水点。公共厨房排水是含油量高、有机物含量大的污水,要达到排放标准,通常需要二级隔油,初级隔油器应尽量靠近排水点,在洗碗池、灶台排水处应当就近设地上式隔油器,作为初步隔油、隔渣设施。第二级隔油器,宜设在下层设备间。特别是高层建筑顶部厨房,应考虑设在厨房下一层。一层厨房间排水,隔油池宜设在室外总管上。

(2)地下室厨房排水,应先通过隔油器处理后,再进集水井,用排水泵排出。避免厨房排水先排至集水井,再进入隔油器处理。其原因是:含油废水至集水井,油脂会积聚在集水井,集水井变成了隔油池,排水泵无法正常工作。再者,用潜水泵提升后进隔油器处理,隔油效果差。

隔油设备集中布置在专门房间内,需满足日常运行和管理要求。

(1)建筑。位置宜设置在厨房的下层附近且便于清渣的专用机房内,平面净尺寸保证设备四周需留出安装、维护保养距离,并配上人钢梯和检修操作走道,净宽不少于 600mm,钢梯倾角不宜大于 60°,地面需考虑清洗和防滑措施,房间净高不小于 3.5～4.0m。

(2)结构。需考虑隔油装置运行重量,根据设备处理工艺的高度确定,初步设计可按 2.0～2.5t/m² 估算。

(3)暖通。考虑通风排气,换气次数不宜小于 20 次/h,并考虑除臭措施。

(4)电气。灯具、开关、插座需考虑防爆措施,预留 220V 用电功率 1～2kW,防护等级 IP68。

(5)给排水。选型、布置隔油设备以及隔油器进、出管道位置和标高。

(6)日常清理要求。初次运行时,需在使用前注满清洁水;清除网筐或除渣筒上杂物宜每天一次,人工除油脂每天一次;隔油器本体底部沉积物清除周期,平均为每周一次。

四、其他设施与措施

(一)消防设施

(1)营业面积大于 500m² 的餐厅,其烹饪操作间的排油烟罩及烹饪部位宜设自动灭火装置,且应在燃气或燃油管道上设置紧急事故自动切断装置。有关装置的设计、安装可按照厨房设备灭火装置有关技术规定执行。

(2)其他部位按有关规范要求配置灭火设施。

(二)辅助设施

(1)更衣间:按全部工作人员男女分设,每人一格更衣柜,其尺寸为 0.50m×0.50m×0.50m。

(2)淋浴宜按炊事及服务人员最大班人数设置,每 25 人设 1 个淋浴器。设 2 个及 2 个以上淋浴器时男女应分设,每淋浴室均应设 1 个洗脸盆。

(3)淋浴热水的加热设备,当采用燃气加热器时,不得设在淋浴室内,并设可靠的通气排气设备。

(4)厕所应按全部工作人员最大班人数设置,30 人以下者可设 1 处,超过 30 人者男女应分设并均为水冲式厕所。男厕每 50 人设 1 个大便器和 1 个小便器,女厕每 25 人设 1 个大便器,男女厕所的前室各设 1 个洗手盆,所有水龙头不宜采用手动式开关,厕所前室门不应朝向各加工间和餐厅。生活粪便污水应经化粪池处理后再排入排水管网。

(5)应设开水供应点。

第五节　洗衣房给排水设计

一、设置与组成

随着旅游及医疗事业的发展,和对旅馆、医院等公共建筑卫生要求的提高,这些建筑内洗涤量越来越大。同时为了改善人民的生活条件,保持衣着美观大方,床上用品整洁舒适柔软,一般在这些建筑中均设有各自独立的洗衣房。

洗衣房的组成与工作内容如下:

1. 准备工作:检查、分类、编号、停放运送衣物的小车用地,也有在楼房内设有运送脏织品的滑道等。

2. 生产用房:洗涤、脱水、烘干、烫平、压平、干洗、折叠、整理以及消毒等场所。

3. 辅助用房:脏衣存放、清洗缝补、洁衣收发、洗涤剂库、锅炉房或加热间、配电室、空压机室、办公室、水处理间等。

4. 生活用房:休息室、更衣、淋浴室、卫生间、开水间等。

二、洗衣量

水洗织品的数量可根据使用单位提供的数量为依据。旅馆、公寓等建筑的干洗织品的数量,可按 0.25kg/(d·床)计算。

国际标准旅馆洗涤量如下:

(1)一流高标准旅馆,每间房洗涤量为 12lb/d(5.44kg/d)。

(2)中上等标准旅馆,每间房洗涤量为 10lb/d(4.5kg/d)。

(3)一般标准旅馆,每间房洗涤量为 81b/d(3.6kg/d)。

洗衣房每日洗衣量可按下式计算:

$$G_r = G_y n / d_y$$

式中,G_r——每日洗涤量[kg/(床·d)];

G_y——每月洗涤量[kg/(床·d)];

n——床数;

d_y——洗衣房工作日数,一般可按 25d 计。

洗涤设备每个工作周期洗衣量可按下式计算:

$$G = mq / (nt)$$

式中,G——洗涤脱水机每个工作周期洗衣量(kg/工作周期),工作
周期为 0.75h;

m——计算单位(人、床位);

q——每个计算单位每月洗衣量(kg/人、kg/床位);

t——每日洗涤工作周期数,一般为 6~10 个。

洗衣房包括熨平、烘干和压平等工序,不同工序所占工作量的比例
如下:

(1)熨平占 65%~70%(被里、枕套、床单、桌布、餐巾等)。

(2)烘干占 30%~25%(浴巾、面巾、地巾等)。

(3)压平占 5%(客衣、工作服等)。

干洗衣物量物尚无一定单位指标数字,只能按经验估计,按旅馆规模
其干洗量约为 40~60kg/h 或每个床位每日 0.25kg 计算。

不同标准旅馆的织品更换周期如下:一、二级旅馆按 1d 计;三级旅馆
按 2~3d 计;四~五级旅馆按 4~7d 计;六级旅馆按 7~10d 计;职工工作
服平均 2d 换洗一次。

三、洗衣设备

洗衣设备主要有洗衣机、烘干机、熨平机、各种功能的压平机、干洗
机、折叠机、化学去污工作台和带蒸汽、电两用熨斗的熨衣台及其他辅助
设备。

(一)洗衣机

洗衣机是洗衣设备中主要机器之一,水洗可将织品和衣物的污渍去除干净,它是通过电器控制使滚筒时而正转,时而反转,使织品在筒内翻动和互相搓擦,同时经肥皂水的充分浸泡,将污渍擦落达到清洁的目的。根据织品污浊的程度,织品的多少来确定洗涤剂的用量和洗涤时间。织品洗涤后将肥皂水排净,放入清水进行漂洗,重复数次(一般为2~3次)漂净为止。漂净后排空水,进行脱水,脱水转数约800r/min以上,脱水后的含水率为50%~55%。

一般洗衣机的洗涤时间为45min至1h,洗衣机初装的是冷水,为缩短洗涤周期和提高洗涤质量,可将冷水用蒸汽或电加热。耗用蒸汽量为0.5kg/(kg干衣)。

洗衣机的排水口瞬间排水量很大,因此排水管必须做大于400mm×400mm×400mm的承水槽接纳洗衣机排出的废水。

在一个洗衣房内宜有大小容量不同的数种洗涤脱水机,便于适应织品的不同品种和数量,可灵活运用。洗衣脱水机的布置一般应距分类台近一些,以减少运输的距离。与墙的距离一般是800~1500mm,操作面前保持1500~2500mm。

(二)烘干机

烘干机用来烘干经洗涤并脱水后的织物,如毛巾(面巾、手巾)、浴巾、枕巾、地巾及工作服等;可以减少大面积晒场,不受气候的限制。床单、枕套、被单等床上用品一般情况下不用烘干机。烘干机的工作主要是通过滚筒的正反运转,使织品在筒内不断翻动、挑松,通过散热排管所散发的热流,经滚筒由抽风机把筒体内的湿气排出达到干燥的目的。烘干机要按滚筒容量(若干公斤织品)选择设备台数与型号,不宜选择同一型号,以选2~3种型号为宜。这也是为了适应织物的不同品种和数量,以便灵活运用。

(三)烫平机

烫平机主要用于熨平洗涤并脱水后的织品(如床单、被单、枕套、桌布、窗帘等);也可直接烫平不经晾晒、带有部分水分的织品。烫平机占地面积比较大,且两端需要一定的工作面积,往往烫平机布置在房子中间,两侧与其他设备间距一般相距 1500mm。烫平机后接折叠机,在烫平机两端一般设有工作台。烫平机一般选用 2 台,可以同容量,亦可不同容量。

烫平机四周应留有足够的操作面积。机前进衣处的宽度应不小于 2.5m,以放置手推车和留出工作人员操作的位置。出衣的一端应有不小于 2.5~2.8m 的宽度,以放置平板车和留出工作人员折叠衣物的位置。烫平机的两侧应有不小于 1.0m 的宽度,以便手推车的通过。

由于烫平机在运行过程中将衣物所含水分部分或大部分散发在房间里,因此烫平机上最好应设置天窗。有的厂家生产的烫平机附设排气装置,但有的不够理想。烫平机房间的屋顶和墙面要有防止结露的措施,并避免屋顶内表面产生凝结水流到烫平机和衣物上。

(四)熨平机

熨平机又称整熨机、夹熨机、压平机,主要用于熨平各类衣服。根据不同的功能,其形式多种多样。一般用于水洗衣服的有万能熨平机、熨袖机、圆头熨平机(熨肩用)、裙、腰压平机等。每台熨平机的生产能力约为干衣 20kg/h 左右,其耗汽量为 14~18kg/h。

(五)全自动干洗机

干洗机主要用于洗涤棉毛、呢绒、丝绸、化纤及皮毛等高级织品,其洗涤剂多用无色、透明、易挥发、不燃烧、具有优良溶解性的"过氯乙烯""全氯乙烯"等。

干洗机的工作原理如下所述。

1.洗涤剂的循环

即通过循环完成洗涤和净化工序,洗涤剂从清洁液箱进入滚筒,通过洗甩后溶剂从滚筒进入箱底,再由立式泵把较脏的溶剂从底箱抽出送入蒸馏箱,经蒸馏变成气体,进入冷凝器,经冷凝变成清洁的溶剂注入清洁液箱再次使用。溶剂由气体变为液体所流动的路线:滚筒—棉绒捕集器—风机—冷凝器—分水器—底箱。

2.热气的循环

作用是完成烘干工序,烘干温度为 30~85℃,经过加热器—滚筒—

棉绒捕集器—风机—冷凝器—加热器。织品在溶剂热气循环作用下完成烘干工序达到干洗织品的目的,干洗特点为去污渍、不损料、不收缩、无皱纹、不褪色、不易虫蛀。

(六)人像精整机

适合宾馆、洗染店用以精整干洗或水洗后各种高档上衣(如外套、西服、两用衫、呢制服等),精整后的服装笔挺,无反光,无压熨痕迹,可获较好的感观效果。

人像精整机能让使用者像穿衣似的进行工作,采用蒸汽雾化加热,蒸汽气动内涨熨烫。人体胎架可 360°旋转,使用方便,工作效率高,劳动强度低,一般上衣只花一分钟左右即可整理完毕。

人像精整机装有精确的定时器,确保蒸汽、热风联合自动操作,既安全又方便,在工艺设计中须考虑蒸汽管道在使用时设冷凝水排除设施(即人像精整机附近设地漏作为冷凝水排除之用)。

(七)蒸汽—电两用熨斗

它是手工熨衣用的主要设备,主要用于熨平客衣。

(八)化学去污工作台

针对织品上的油质颜色、油渍、唇膏和圆珠笔油、墨水等,在干洗前要在化学去污工作台上去除干净。

四、给水与蒸汽供应

给水水质应符合生活饮用水水质的要求,当硬度超过 100mg/L($CaCO_3$)时宜进行软化处理。

洗衣房的冷、热水消耗量和排水量都很大,在设计时必须详细了解洗衣房所要承担洗衣的数量,并应适当考虑发展的需要。洗衣用水每公斤干衣为 45~55L;有热水供应的场所,冷水为 30L,热水为 15~25L。其他杂用水(如化碱槽、喷雾器等)每 kg 干衣为 3~5L。因此,每公斤干衣全部用水量为 48~60L。有热水设备时,也可以按冷水为 3/5,热水为 2/5的比例来计算。

洗衣程序:污衣放入洗衣机内,先用冷水冲洗 2~3 次,再放进洗涤剂或肥皂水,随后通入高压蒸汽。高压蒸汽阀门的开启时间约为 20min,使水温度升至 80℃ 左右进行洗涤,洗衣机运转 30min 以后,再用冷水冲洗 2~3 次,这样每次洗衣总计时间为 50~60min。洗衣机内的水放净以后,便可将衣物取出,放在甩干机内进行甩干。经离心甩干的衣物含水率仍在 35% 左右。有的洗衣机接入热水管,不设蒸汽管。

在接入洗衣机的冷热水管上均应装设空气隔断器,以防洗涤水倒流。

洗衣机的排水多为脚踏开关,放水阀打开洗衣机内污水在 30s 内全部泄出,约等于给水量的 2 倍,即每 kg 干衣排水量为 12L/min,一般在洗衣机放水阀的下端均设有带隔栅铸铁盖板的排水沟,其尺寸为 600mm×400mm。排水管管径不小于 100mm。

洗衣房的总用水量可按下式计算:

$$q_r = G_r q$$

式中,q_r——洗衣房的日用水量(L/d);

G_r——洗衣房每日的洗衣量(kg/d);

q——每 kg 干衣的耗水量(L/kg)。

给水管宜从外线总管单独接入,采用明管敷设,其管径按 1min 内充满洗衣机内容积槽体积所需水量计算,也可按洗衣机额定容量每公斤干衣的给水流量为 6L/min 来进行计算,但不小于洗衣机接管管径。用水小时变化系数为 1.5。

洗衣工作时间一般为一班制,每天工作 6h。对于大型宾馆洗衣房工作时间考虑两班制。按防火规范,要求洗衣房如设在地下室除设有消火栓给水系统外,还应设有自动喷水灭火系统。

五、排水

洗衣房内主要排水设备是全自动洗脱机、固定式洗脱机和全封闭干洗机,以及抽湿机、空压机等。其中湿洗机排水量大,排水流量应按设计秒流量考虑。洗衣房的排水设计应符合下列要求:

(1)宜采用带格栅的排水沟排除废水。排水沟的有效断面尺寸,应满足洗衣机泄水不溢出地面。大型洗衣房的排水沟,应按同时两台湿洗机秒流量设计,其尺寸不宜小于 300mm×300mm,排水沟坡度不小于 0.005。

(2)设备有蒸汽凝结水排除要求时,应在设备附近设排水沟或采用耐热型地漏用管道接至排水沟。

(3)设在地下室的宾馆附属洗衣房,当洗衣房工艺布置尚未确定,宜采用 300 厚垫层,以便根据洗衣设备排水要求布置排水沟;排水沟应直接通至附近集水坑。

(4)排水温度超过 40℃或排水中含有有毒、有害物质时,应按有关规范要求进行降温或无害化处理后,再排入室外排水管道。

(5)洗衣机排水流量和排水管径,应根据所选洗衣机型号资料确定。在洗衣机型号未定时,可以按洗衣机容量确定排水流量。

第六章　电气工程

第一节　电气工程概述

一、电气工程在国民经济中的地位

电能是最清洁的能源,它是由蕴藏于自然界中的煤、石油、天然气、水力、核燃料、风能和太阳能等一次能源转换而来的。同时,电能可以很方便地转换成其他形式的能量,如光能、热能、机械能和化学能等供人们使用。由于电(或磁、电磁)本身具有极强的可控性,大多数的能量转换过程都以电作为中间能量形态进行调控,信息表达的交换也越来越多地采用电这种特殊介质来实施。电能的生产、输送、分配、使用过程易于控制,电能也易于实现远距离传输。电作为一种特殊的能量存在形态,在物质、能量、信息的相互转化过程,以及能量之间的相互转化中起着重要的作用。因此,当代高新技术都与电能密切相关,并依赖于电能。电能为工农业生产过程和大范围的金融流通提供了保证;电能使当代先进的通信技术成为现实;电能使现代化运输手段得以实现;电能是计算机、机器人的能源。因此,电能已成为工业、农业、交通运输、国防科技及人们生活等人类现代社会最主要的能源形式。

电气工程(EE,Electrical Engineering)是与电能生产和应用相关的技术,包括发电工程、输配电工程和用电工程。发电工程根据一次能源的不同可以分为火力发电工程、水力发电工程、核电工程、可再生能源工程等。输配电工程可以分为输变电工程和配电工程两类。用电工程可分为船舶电气工程、交通电气工程、建筑电气工程等。电气工程还可分为电机工程、电力电子技术、电力系统工程、高电压工程等。

电气工程是为国民经济发展提供电力能源及其装备的战略性产业，是国家工业化和国防现代化的重要技术支撑，是国家在世界经济发展中保持自主地位的关键产业之一。电气工程在现代科技体系中具有特殊的地位，它既是国民经济的一些基础工业（电力、电工制造等）所依靠的技术科学，又是另一些基础工业（能源、电信、交通、铁路、冶金、化工和机械等）必不可少的支持技术，更是一些高新技术的主要科技的组成部分。在与生物、环保、自动化、光学、半导体等民用和军工技术的交叉发展中，又是能形成尖端技术和新技术分支的促进因素，在一些综合性高科技成果（如卫星、飞船、导弹、空间站、航天飞机等）中，也必须有电气工程的新技术和新产品。可见，电气工程的产业关联度高，对原材料工业、机械制造业、装备工业，以及电子、信息等一系列产业的发展均具有推动和带动作用，对提高整个国民经济效益，促进经济社会可持续发展，提高人民生活质量有显著的影响。电气工程与土木工程、机械工程、化学工程及管理工程并称现代社会五大工程。

20 世纪后半叶以来，电气科学的进步使电气工程得到了突飞猛进的发展。例如，在电力系统方面，20 世纪 80 年代以来，我国电力需求连续 20 多年实现快速增长，年均增长率接近 8%，预计在未来的 20 年电力需求仍需要保持 5.5%～6% 的增长率增长。在电能的产生、传输、分配和使用过程中，无论就其系统（网络），还是相关的设备，其规模和质量，检测、监视、保护和控制水平都获得了极大的提高。目前，我国电气工程已经形成了较完整的科研、设计、制造、建设和运行体系，成为世界电力工业大国之一。目前我国拥有三峡水电及输变电工程、百万千瓦级超临界火电工程、百万千瓦级核电工程，以及全长 645km 的交流 1000kV 晋东南—南阳—荆门特高压输电线路工程、世界第一条直流 ±800kV 云广特高压输变电工程等举世瞩目的电气工程项目，大电网安全稳定控制技术、新型输电技术的推广，大容量电力电子技术的研究和应用，风力发电、太阳能光伏发电等可再生能源发电技术的产业化及规模化应用，超导电工技术、脉冲功率技术、各类电工新材料的探索与应用均取得了重要进展。电子技术、计算机技术、通信技术、自动化技术等方面也得到了空前的发展,相继建立了各自的独立学科和专业,电气应用领域超过以往任何时代。例如,建筑电气与智能化在建筑行业中的比重越来越大,现代化建筑物、建筑小区,乃至乡镇和城市对电气照明、楼宇自动控制、计算机网络通信,以及防火、防盗和停车场管理等安全防范系统的要求越来越迫切,也越来越高;在交通运输行业,过去采用蒸汽机或内燃机直接牵引的列车几乎全部被电力牵引或电传动机车取代,磁悬浮列车的驱动、电动汽车的驱动、舰船的推进,甚至飞机的推进都将大量使用电力;机械制造行业中机电一体化技术的实现和各种自动化生产线的建设,国防领域的全电化军舰、战车、电磁武器等也都离不开电。特别是进入 21 世纪以来,电气工程领域全面贯彻科学发展观,新原理、新技术、新产品、新工艺获得广泛应用,拥有了一批具有自主知识产权的科技成果和产品,自主创新已成为行业的主旋律。我国的电气工程技术和产品,在满足国内市场需求的基础上已经开始走向世界。电气工程技术的飞速发展,迫切需要从事电气工程的大量各级专业技术人才。

二、电气工程的发展

人类最初是从自然界的雷电现象和天然磁石中开始注意电磁现象的。古希腊和中国文献都记载了琥珀摩擦后吸引细微物体和天然磁石吸铁的现象。1600 年,英国的威廉·吉尔伯特用拉丁文出版了《磁石论》一书,系统地讨论了地球的磁性,开创了近代电磁学的研究。

1660 年,奥托·冯·库克丁发明了摩擦起电机。

1729 年,斯蒂芬·格雷发现了导体。

1733 年,杜斐描述了电的两种力——吸引力和排斥力。

1745 年,荷兰莱顿大学的克里斯特和马森·布洛克发现电可以存储在装有铜丝或水银的玻璃瓶里,格鲁斯拉根据这一发现,制成莱顿瓶,也就是电容器的前身。

1752 年,美国人本杰明·富兰克林通过著名的风筝实验得出闪电等同于电的结论,并首次将正、负号用于电学中。随后,普里斯特里发现了电荷间的平方反比律;泊松把数学理论应用于电场计算。

1777 年,库伦发明了能够测量电荷量的扭力天平,利用扭力天平,库伦发现电荷引力或斥力的大小与两个小球所带电荷电量的乘积成正比,而与两小球球心之间的距离平方成反比的规律,这就是著名的库伦定律。

1800 年,意大利科学家伏特发明了伏打电池,从而使化学能可以转化为源源不断输出的电能。伏打电池是电学发展过程中的一个重要里程碑。

1820 年,丹麦科学家奥斯特在实验中发现了电可以转化为磁的现象。同年,法国科学家安培发现了两根通电导线之间会发生吸引或排斥。安培在此基础上提出的载流导线之间的相互作用力定律,后来被称为安培定律,成为电动力学的基础。

1827 年,德国科学家欧姆用公式描述了电流、电压、电阻之间的关系,创立了电学中最基本的定律——欧姆定律。

1831 年 8 月 29 日,英国科学家法拉第成功地进行了"电磁感应"实验,发现了磁可以转化为电的现象。在此基础上,法拉第创立了研究暂态电路的基本定律——电磁感应定律。至此,电与磁之间的统一关系被人类所认识,并从此诞生了电磁学。法拉第还发现了载流体的自感与互感现象,并提出电力线与磁力线概念。1831 年 10 月,法拉第创制了世界上第一部感应发电机模型——法拉第盘。

1832 年,法国科学家皮克斯在法拉第的影响下发明了世界上第一台实用的直流发电机。

1834 年,德籍俄国物理学家雅可比发明了第一台实用的电动机,该电动机是功率为 15W 的棒状铁芯电动机。1839 年,雅可比在涅瓦河上做了用电动机驱动船舶的实验。

1836 年,美国的机械工程师达文波特用电动机驱动木工车床,1840 年又用电动机驱动印报机。

1845 年,英国物理学家惠斯通通过外加伏打电池电源给线圈励磁,用电磁铁取代永久磁铁,取得了成功,随后又改进了电枢绕组,从而制成了第一台电磁铁发电机。

1864 年,英国物理学家麦克斯韦在《电磁场的动力学理论》中,利用数学进行分析与综合,进一步把光与电磁的关系统一起来,建立了麦克斯韦方程,最终用数理科学方法使电磁学理论体系建立起来。

1866 年,德国科学家西门子制成第一台自激式发电机,西门子发电机的成功标志着制造大容量发电机技术的突破。

1873 年,麦克斯韦完成了划时代的科学理论著作——《电磁通论》。麦克斯韦方程是现代电磁学最重要的理论基础。

1881 年,在巴黎博览会上,电气科学家与工程师统一了电学单位,一致同意采用早期为电气科学与工程作出贡献的科学家的姓作为电学单位名称,从而电气工程成为在全世界范围内传播的一门新兴学科。

1885 年,意大利物理学家加利莱奥·费拉里斯提出了旋转磁场原理,并研制出二相异步电动机模型,1886 年,美国的尼古拉·特斯拉也独立地研制出二相异步电动机。1888 年,俄国工程师多利沃·多勃罗沃利斯基研制成功第一台实用的三相交流单鼠笼异步电动机。

19 世纪末期,电动机的使用已经相当普遍。电锯、车床、起重机、压缩机、磨面机和凿岩钻等都已由电动机驱动,牙钻、吸尘器等也都用上了电动机。电动机驱动的电力机车、有轨电车、电动汽车也在这一时期得到了快速发展。1873 年,英国人罗伯特·戴维森研制成第一辆用蓄电池驱动的电动汽车。1879 年 5 月,德国科学家西门子设计制造了一台能乘坐18 人的三节敞开式车厢小型电力机车,这是世界上电力机车首次成功的试验。1883 年,世界上最早的电气化铁路在英国开始营业。

1809 年,英国化学家戴维用 2000 个伏打电池供电,通过调整木炭电极间的距离使之产生放电而发出强光,这是电能首次应用于照明。1862 年,用两根有间隙的炭精棒通电产生电弧发光的电弧灯首次应用于英国肯特郡海岸的灯塔,后来很快用于街道照明。1840 年,英国科学家格罗夫对密封玻璃罩内的铂丝通以电流,达到炽热而发光,但由于寿命短、代价太大不切实用。1879 年 2 月,英国的斯万发明了真空玻璃泡碳丝的电灯,但是由于碳的电阻率很低,要求电流非常大或碳丝极细才能发光,制造困难,所以仅仅停留在实验室阶段。1879 年 10 月,美国发明家爱迪生试验成功了真空玻璃泡中碳化竹丝通电发光的灯泡,由于其灯泡不仅能长时间通电稳定发光,而且工艺简单、制造成本低廉,这种灯泡很快成为商品。1910 年,灯泡的灯丝由 W. D. 库甲奇改用钨丝。

1875 年,法国巴黎建成了世界上第一座火力发电厂,标志着世界电力时代的到来。1882 年,"爱迪生电气照明公司"在纽约建成了商业化的电厂和直流电力网系统,发电功率为 660kW,供应 7200 个灯泡的用电。同年,美国兴建了第一座水力发电站,之后水力发电逐步发展起来。1883 年,美国纽约和英国伦敦等大城市先后建成了中心发电厂。到 1898 年,纽约又建立了容量为 3 万千瓦的火力发电站,用 87 台锅炉推动 12 台大型蒸汽机为发电机提供动力。

早期的发电厂采用直流发电机,在输电方面,很自然地采用直流输电。第一条直流输电线路出现于 1873 年,长度仅有 2km。1882 年,法国物理学家和电气工程师德普勒在慕尼黑博览会上展示了世界上第一条远距离直流输电试验线路,把一台容量为 3 马力(1 马力 = 735.49875W)的水轮发电机发出的电能,从米斯巴赫输送到相距 57km 的慕尼黑,驱动博览会上的一台喷泉水泵。

1882 年,法国人高兰德和英国人约翰·吉布斯研制成功了第一台具有实用价值的变压器;1888 年,由英国工程师费朗蒂设计,建设在泰晤士河畔的伦敦大型交流发电站开始输电,其输电电压高达 10kV。1894 年,俄罗斯建成功率为 800kW 的单相交流发电站。

1887 年—1891 年,德国电机制造公司成功开发了三相交流电技术。1891 年,德国劳芬电厂安装并投产了世界上第一台三相交流发电机,并通过第一条 13.8kV 输电线路将电力输送到远方用电地区,既用于照明,又用于电力拖动。从此,高压交流输电得到迅速发展。

电力的应用和输电技术的发展,促使一大批新的工业部门相继产生。首先是与电力生产有关的行业,如电机、变压器、绝缘材料、电线电缆、电气仪表等电力设备的制造厂和电力安装、维修和运行等部门;其次是以电为动力和能源的行业,如照明、电镀、电解、电车、电报等企业和部门,而新的日用电器生产部门也应运而生。这种发展又反过来促进了发电和高压输电技术的提高。1903 年,输电电压达到 60kV,1908 年,美国建成第一条 110kV 输电线路,1923 年建成投运第一条 230kV 线路。从 20 世纪 50 年代开始,世界上经济发达的国家进入经济快速发展时期,用电负荷保持快速增长,年均增长率在 6% 左右,并一直持续到 20 世纪 70 年代中期。这带动了发电机制造技术向大型、特大型机组发展,美国第一台 300MW、500MW、1000MW、1150MW 和 1300MW 汽轮发电机组分别于 1955 年、1960 年、1965 年、1970 年和 1973 年投入运行。同时,大容量远距离输电的需求,使电网电压等级迅速向超高压发展,第一条 330kV、345kV、400kV、500kV、735kV、750kV 和 765kV 线路分别于 1952 年、1954 年、1956 年、1964 年、1965 年、1967 年和 1969 年建成。

1870 年—1913 年,以电气化为主要特征的第二次工业革命彻底改变了世界的经济格局。这一时期,发电以汽轮机、水轮机等为原动机,以交流发电机为核心,输电网以变压器与输配电线路等组成,使电力的生产、应用达到较高的水平,并具有相当大的规模。在工业生产、交通运输中,电力拖动、电力牵引、电动工具、电加工、电加热等得到普遍应用,到 1930 年前后,吸尘器、电动洗衣机、家用电冰箱、电灶、空调器、全自动洗衣机等各种家用电器也相继问世。英国于 1926 年成立中央电气委员会,1933 年建成全国电网。美国工业企业中以电动机为动力的比重,从 1914 年的 30% 上升到 1929 年的 70%。20 世纪 30 年代,欧美发达国家先后完成了电气化。从此,电力取代了蒸汽,使人类迈进了电气化时代,20 世纪成为"电气化世纪"。

今天,电能的应用已经渗透人类社会生产、生活的各个领域,它不仅创造了极大的生产力,而且促进了人类文明的巨大进步,彻底改变了人类的社会生活方式,电气工程也因此被人们誉为"现代文明之轮"。

21 世纪的电气工程学科将在与信息科学、材料科学、生命科学以及环境科学等学科的交叉和融合中获得进一步发展。创新和飞跃往往发生在学科的交叉点上。所以在 21 世纪,电气工程领域的基础研究和应用基础研究仍会是一个百花齐放、蓬勃发展的局面,而与其他学科的融合交叉是它的显著特点。超导材料、半导体材料与永磁材料的最新发展对于电气工程领域有着特别重大的意义。从 20 世纪 60 年代开始,实用超导体的研制成功地开创了超导电工的新时代。目前,恒定与脉冲超导磁体技术已经进入成熟阶段,得到了多方面的应用,显示了其优越性与现实性。超导加速器与超导核聚变装置的建成与运行成为 20 世纪下半叶人类科技史中辉煌的成就;超导核磁共振谱仪与磁成像装置已实现了商品化。20 世纪 80 年代制成了高临界温度超导体,为 21 世纪电气工程的发展展示了更加美好的前景。

半导体的发展为电气工程领域提供了多种电力电子器件与光电器件。电力电子器件为电机调速、直流输电、电气化铁路、各种节能电源和自动控制的发展做出了重大贡献。光电池效率的提高及成本的降低为光电技术的应用与发展提供了良好的基础,使太阳能光伏发电已在边远缺电地区得到了应用,并有可能在未来电力供应中占据一定份额。半导体照明是节能的照明,它能大大降低能耗,减少环境污染,是更可靠、更安全的照明。

新型永磁材料特别是钕铁硼材料的发现与迅速发展,使永磁电机、永磁磁体技术在深入研究的基础上登上了新台阶,应用领域不断扩大。

微型计算机、电力电子和电磁执行器件的发展,使得电气控制系统响应快、灵活性高、可靠性强的优点越来越突出,因此,电气工程正在使一些传统产业发生变革。例如,传统的机械系统与设备在更多或全面地使用电气驱动与控制后,大大改善了性能,"线控"汽车、全电舰船、多电/全电飞机等研究就是其中最典型的例子。

第二节 电气工程子分部工程介绍

一、电机工程

(一)电机的作用

电能在生产、传输、分配、使用、控制及能量转换等方面极为方便。在现代工业化社会中,各种自然能源一般都不直接使用,而是先将其转换为电能,然后再将电能转变为所需要的能量形态(如机械能、热能、声能、光能等)加以利用。电机是以电磁感应现象为基础实现机械能与电能之间的转换以及变换电能的装置,包括旋转电机和变压器两大类。它是工业、农业、交通运输业、国防工程、医疗设备以及日常生活中十分重要的设备。

电机的作用主要表现在三个方面。

(1)电能的生产、传输和分配。电力工业中,电机是发电厂和变电站中的主要设备。由汽轮机或水轮机带动的发电机将机械能转换成电能,然后用变压器升高电压,通过输电线把电能输送到用电地区,再经变压器降低电压,供用户使用。

(2)驱动各种生产机械和装备。在工农业、交通运输、国防等部门和生活设施中,极为广泛地应用各种电动机来驱动生产机械、设备和器具。例如,数控机床、纺织机、造纸机、轧钢机、起吊、供水排灌、农副产品加工、矿石采掘和输送、电车和电力机车的牵引、医疗设备及家用电器的运行等一般都采用电动机来拖动。发电厂的多种辅助设备,如给水机、鼓风机、传送带等,也都需要电动机驱动。

(3)用于各种控制系统以实现自动化、智能化。随着工农业和国防设施自动化水平的日益提高,还需要多种多样的控制电动机作为整个自动控制系统中的重要元件,可以在控制系统、自动化和智能化装置中作为执行、检测、放大或解算元件。这类电动机功率一般较小,但品种繁多、用途各异,例如,可用于控制机床加工的自动控制和显示、阀门遥控、电梯的自动选层与显示、火炮和雷达的自动定位、飞行器的发射和姿态等。

(二)电机的分类

电机的种类很多,按照不同的分类方法,可进行如下分类。

1.按照在应用中的功能来分

按照在应用中的功能,电机可以分为下列各类。

(1)发电机。由原动机拖动,将机械能转换为电能的电机。

(2)电动机。将电能转换为机械能的电机。

(3)将电能转换为另一种形式电能的电机,又可以细分为:①变压器,其输出和输入有不同的电压;②变流机,输出与输入有不同的波形,如将交流变为直流;③变频机,输出与输入有不同的频率;④移相机,输出与输入有不同的相位。

(4)控制电机。在机电系统中起调节、放大和控制作用的电机。

2.按照所应用的电流种类分类

按照所应用的电流种类,电机可以分为直流电机和交流电机两类。

按原理和运动方式分类,电机又可以分为:①直流电机,没有固定的同步速度;②变压器,静止设备;③异步电机,转子速度永远与同步速度有差异;④同步电机,速度等于同步速度;⑤交流换向器电机,速度可以在宽广范围内随意调节。

3.按照功率大小

按照功率大小,电机可以分为大型电机、中小型电机和微型电机等。

电机的结构、电磁关系、基础理论知识、基本运行特性和一般分析方法等知识都在电机学这门课程中讲授。电机学是电气工程及其自动化本科专业的一门核心专业基础课,基于电磁感应定律和电磁力定律,以变压器、异步电机、同步电机和直流电机四类典型通用电机为研究对象,以此阐述它们的工作原理和运行特性,着重于稳态性能的分析。

随着电力电子技术和电工材料的发展,出现了其他一些特殊电机,它们并不属于上述传统的电机类型,如永磁无刷电动机、直线电机、步进电动机、超导电机、超声波压电电机等,这些电机通常称为特种电机。

(三)电机的应用领域

1. 电力工业

(1)发电机。发电机是将机械能转变为电能的机械,它可以将机械能转变成电能后输送到电网。由燃油与煤炭或核反应堆产生的蒸汽将热能变为机械能的蒸汽轮机驱动的发电机称为汽轮发电机,用于火力发电厂和核电厂;由水轮机驱动的发电机称为水轮发电机,也是同步电机的一种,用于水力发电厂;由风力机驱动的发电机称为风力发电机。

(2)变压器。变压器是一种静止电机,其主要组成部分是铁芯和绕组。变压器只能改变交流电压或电流的大小,不能改变频率;它只能传递交流电能,而不能产生电能。为了将大功率的电能输送到远距离的用户中去,需要用升压变压器将发电机发出的电压(通常只有 $10.5\sim20\mathrm{kV}$)逐级升高到 $110\sim1000\mathrm{kV}$,用高压线路输电可以减少损耗。在电能输送到用户地区后,再用降压变压器逐级降压,供用户使用。

2. 工业生产部门与建筑业

工业生产广泛应用电动机作为动力,如三相异步电动机。在机床、轧钢机、鼓风机、印刷机、水泵、抽油机、起重机、传送带和生产线等设备上,大量使用中、小功率的感应电动机,这是因为感应电动机结构简单,运行可靠、维护方便、成本低廉。感应电动机约占所有电气负荷功率的60%。在高层建筑中,电梯、滚梯是靠电动机曳引的,宾馆的自动门、旋转门是由电动机驱动的,建筑物的供水、供暖、通风等需要水泵、鼓风机等,这些设备也都是由电动机驱动的。

3. 交通运输

(1)电力机车与城市轨道交通。电力机车与城市轨道交通系统的牵引动力是电能,机车本身没有原动力,而是依靠外部供电系统供应电力,并通过机车上的牵引电动机驱动机车前进。机车电传动实质上就是牵引电动机变速传动,用交流电动机或直流电动机均能实现。普通列车只有机车是有动力的(动力集中),而高速列车的牵引功率大,一般采用动车组(动力分散)方式,即部分或全部车厢的转向架也有牵引电动机作为动力。

目前,世界上的电力牵引动力以交流传动为主体。

(2)内燃机车。内燃机车是以内燃机作为原动力的一种机车。电力传动内燃机车的能量传输过程是由柴油机驱动、主发电机发电,然后向牵引电动机供电使其旋转,并通过牵引齿轮传动驱动机车轮对旋转。根据电机型式不同,内燃机车可分为直-直流电力传动、交-直流电力传动、交-直-交流电力传动和交-交流电力传动等类型。

(3)船舶。目前绝大多数船舶还是内燃机直接推进的,内燃机通过从船腹伸到船尾外部的粗大的传动轴带动螺旋桨旋转推进。

(4)汽车。在内燃机驱动的汽车上,从发电机、启动机到雨刷、音响,都要用到大大小小的电机。一辆现代化的汽车,可能要用几十台甚至上百台电机。

(5)电动车。电动车包括纯电动车和混合动力车,由于目前电池的功率密度与能量密度较低,所以,内燃机与电动机联合提供动力的混合动力车目前发展较快。

(6)磁悬浮列车。磁悬浮铁路系统是一种新型的有导向轨的交通系统,主要依靠电磁力实现传统铁路中的支承、导向和牵引功能。

(7)直线电动机轮轨车辆。直线感应电动机牵引车辆是介于轮轨与磁悬浮车辆之间的一种机车,兼有轮轨安全可靠和磁悬浮非黏着牵引的优点。

4.医疗、办公设备与家用电器

在医疗器械中,心电机、X光机、CT、牙科手术工具、渗析机、呼吸机、电动轮椅等;在办公设备中,计算机的DVD驱动器、CD-ROM、磁盘驱动器主轴等,都采用永磁无刷电动机。打印机、复印机、传真机、碎纸机、电动卷笔刀等也都用到各种电动机。在家用电器中,只要有运动部件,几乎都离不开电动机,如电冰箱和空调器的压缩机、洗衣机转轮与甩干筒、吸尘器、电风扇、抽油烟机、微波炉转盘、DVD机、磁带录音机、录像机、摄像机、全自动照相机、吹风机、按摩器、电动剃须刀等,不胜枚举。

5.电机在其他领域的应用

在国防领域,航空母舰用直线感应电动机飞机助推器取代了传统的蒸汽助推器;电舰船、战车、军用雷达都是靠电动机驱动和控制的;在战斗机机翼上和航空器中,用电磁执行器取代传统的液压、气动执行器,其主体是各种电动机。再如,演出设备(如电影放映机、旋转舞台等)、运动训练设备(如电动跑步机、电动液压篮球架、电动发球机等)、家具、游乐设备(如缆车、过山车等),以及电动玩具的主体,也都是电动机。

(四)电动机的运行控制

电气传动(或称电力拖动)的任务是合理地使用电动机,并通过控制使被拖动的机械按照某种预定的要求运行。世界上约有 60% 的发电量是电动机消耗的,因此,电气传动是非常重要的领域,而电动机的启动、调速与制动是电气传动的重要内容,电机学对电气传动有详细的介绍。

1.电动机的启动

笼形异步电动机的启动有全压直接启动、降低电压启动和软启动三种方法。

直流电动机的启动方法有直接启动、串联变阻器启动和软启动三种。

同步电动机本身没有启动转矩,其启动方法有很多,有的同步电动机将阻尼绕组和实心磁极当成二次绕组而作为笼形异步电动机进行启动,也有的同步电动机把励磁绕组和绝缘的阻尼绕组当成二次绕组而作为绕线式异步电动机进行启动。当启动加速到接近同步转速时投入励磁,进入同步运行。

2.电动机的调速

调速是电力拖动机组在运行过程中的基本要求,直流电动机具有在宽广范围内平滑而经济地调速的优良性能。

直流电动机有电枢回路串电阻、改变励磁电流和改变端电压三种调速方式。

交流电动机的调速方式有变频调速、变极调速和调压调速三种,其中以变频调速应用最广泛。变频调速是通过改变电源频率来改变电动机的同步转速,使转子转速随之变化的调速方法。在交流调速中,用变频器来改变电源频率。变频器具有高效率的驱动性能和良好的控制特性,且操作方便、占地面积小,因而得到广泛应用。应用变频调速可以节约大量电能,提高产品质量,实现机电一体化。

3.电动机的制动

制动是生产机械对电动机的特殊要求,制动运行是电动机的又一种运行方式,它是一边吸收负载的能量一边运转的状态。电动机的制动方法有机械制动方法和电气制动方法两大类。机械制动方法是利用弹力或重力加压产生摩擦来制动的。机械制动方法的特征是即使在停止时也有制动转矩作用,其缺点是要产生摩擦损耗。电气制动是一种由电气方式吸收能量的制动方法,这种制动方法适用于频繁制动或连续制动的场合,常用的电气制动方法有反接制动、正接反转制动、能耗制动和回馈制动几种。

(五)电器的分类

广义上的电器是指所有用电的器具,但是在电气工程中,电器特指用于对电路进行接通、分断,对电路参数进行变换以实现对电路或用电设备的控制、调节、切换、监测和保护等作用的电工装置、设备和组件。电机(包括变压器)属于生产和变换电能的机械设备,我们习惯上不将其包括在电器之列。

电器按功能可分为以下几种。

(1)用于接通和分断电路的电器,主要有断路器、隔离开关、重合器、分段器、接触器、熔断器、刀开关、接触器和负荷开关等。

(2)用于控制电路的电器,主要有电磁启动器、星形－三角形启动器、自耦减压启动器、频敏启动器、变阻器、控制继电器等,用于电机的各种启动器正越来越多地被电力电子装置所取代。

(3)用于切换电路的电器,主要有转换开关、主令电器等。

(4)用于检测电路参数的电器,主要有互感器、传感器等。

(5)用于保护电路的电器,主要有熔断器、断路器、限流电抗器和避雷器等。

电器按工作电压可分为高压电器和低压电器两类。在我国,工作交流电压在 1000V 及以下,直流电压在 1500V 及以下的属于低压电器;工作交流电压在 1000V 以上,直流电压在 1500V 以上的属于高压电器。

二、电力系统工程

(一)电力系统的组成

电力系统是由发电、变电、输电、配电、用电等设备和相应的辅助系统,按规定的技术和经济要求组成的一个统一系统。电力系统主要由发电厂、电力网和负荷等组成。发电厂的发电机将一次能源转换成电能,再由升压变压器把低压电能转换为高压电能,经过输电线路进行远距离输送,在变电站内进行电压升级,送至负荷所在区域的配电系统,再由配电所和配电线路把电能分配给电力负荷(用户)。

电力网是电力系统的一个组成部分,是由各种电压等级的输电、配电线路以及它们所连 220~500kV 超高压输电线路接起来的各类变电所组成的网络。由电源向电力负荷输送电能的线路称为输电线路,包含输电线路的电力网称为输电网;担负分配电能任务的线路称为配电线路,包含配电线路的电力网称为配电网。电力网按其本身结构可以分为开式电力网和闭式电力网两类。凡用户只能从单个方向获得电能的电力网,称为开式电力网;凡用户可以从两个或两个以上方向获得电能的电力网,称为闭式电力网。

动力部分与电力系统组成的整体称为动力系统。动力部分主要指火电厂的锅炉、汽轮机,水电厂的水库、水轮机和核电厂的核反应堆等。电力系统是动力系统的一个组成部分。

发电、变电、输电、配电和用电等设备称为电力主设备,主要有发电机、变压器、架空线路、电缆、断路器、母线、电动机、照明设备和电热设备等。由主设备按照一定要求连接成的系统称为电气一次系统(又称为电气主接线)。为保证一次系统安全、稳定、正常运行,对一次设备进行操作、测量、监视、控制、保护、通信和实现自动化的设备称为二次设备,由二次设备构成的系统称为电气二次系统。

(二)电力系统运行的特点

1.电能不能大量存储

电能生产是一种能量形态的转变,要求生产与消费同时完成,即每时每刻电力系统中电能的生产、输送、分配和消费实际上同时进行,发电厂任何时刻生产的电功率等于该时刻用电设备消耗功率和电网损失功率之和。

2.电力系统暂态过程非常迅速

电是以光速传播的,所以电力系统从一种运行方式过渡到另外一种运行方式所引起的电磁过程和机电过渡过程是非常迅速的。通常情况下,电磁波的变化过程只有千分之几秒,甚至百万分之几秒,即为微秒级;电磁暂态过程为几毫秒到几百毫秒,即为毫秒级;机电暂态过程为几秒到几百秒,即为秒级。

3.与国民经济的发展密切相关

电能供应不足或中断供应,将直接影响国民经济各个部门的生产和运行,也将影响人们正常生活,在某些情况下甚至会造成政治上的影响或极其严重的社会性灾难。

(三)对电力系统的基本要求

1.保证供电可靠性

保证供电的可靠性,是对电力系统最基本的要求。系统应具有经受一定程度的干扰和故障的能力,但当事故超出系统所能承受的范围时,停电是不可避免的。供电中断造成的后果是十分严重的,应尽量缩小故障范围和避免大面积停电,尽快消除故障,恢复正常供电。

根据现行国家标准《供配电系统设计规范》(GB50052—2009)的规定,电力负荷根据供电可靠性及中断供电在政治、经济上所造成的损失或影响的程度,将负荷分为三级。

(1)一级负荷。对这一级负荷中断供电,将造成政治或经济上的重大损失,如导致人身事故、设备损坏、产品报废,使生产秩序长期不能恢复,人民生活发生混乱。在一级负荷中,中断供电将造成重大设备损坏或发生中毒、爆炸和火灾等情况的负荷,以及特别重要场所的不允许中断供电的负荷,应视为一级负荷中特别重要的负荷。

(2)二级负荷。对这类负荷中断供电,将造成大量减产,使人民生活受到影响。

(3)三级负荷。所有不属于一级、二级的负荷,如非连续生产的车间及辅助车间和小城镇用电等。

一级负荷由两个独立电源供电,要保证不间断供电。一级负荷中特别重要的负荷供电,除应由双重电源供电外,尚应增设应急电源,并不得将其他负荷接入应急供电系统。设备供电电源的切换时间应满足设备允许中断供电的要求。对二级负荷,应尽量做到事故时不中断供电,允许手动切换电源;对三级负荷,在系统出现供电不足时首先断电,以保证一级、二级负荷供电。

2. 保证良好的电能质量

电能质量主要从电压、频率和波形三个方面来衡量。检测电能质量的指标主要是电压偏移和频率偏差。随着用户对供电质量要求的提高,谐波、三相电压不平衡度、电压闪变和电压波动均纳入电能质量监测指标。

3. 保证系统运行的经济性

电力系统运行有三个主要经济指标,即煤耗率(即生产每 kW·h 能量的消耗,也称为油耗率、水耗率)、自用电率(生产每 kW·h 电能的自用电)和线损率(供配每 kW·h 电能时在电力网中的电能损耗)。保证系统运行的经济性就是使以上三个指标最小。

4. 电力工业优先发展

电力工业必须优先于国民经济其他部门的发展,只有电力工业优先发展了,国民经济其他部门才能有计划、按比例地发展,否则会对国民经济的发展起到制约作用。

5.满足环保和生态要求

控制温室气体和有害物质的排放,控制冷却水的温度和速度,防止核辐射,减少高压输电线的电磁场对环境的影响和对通信的干扰,降低电气设备运行中的噪声等,开发绿色能源,保护环境和生态,做到能源的可持续利用和发展。

(四)电力系统的电能质量指标

电力系统电能质量检测指标有电压偏差、频率偏差、电压波形总谐波畸变率、三相电压不平衡度、电压波动和闪变。

1.电压偏差

电压偏差是指电网实际运行电压与额定电压的差值(代数差),通常用其对额定电压的百分值来表示。现行国家标准《电能质量供电电压允许偏差》(GB12325—2008)规定,35kV及以上供电电压正、负偏差的绝对值之和不超过标称电压的10%;20kV及以下三相供电电压偏差为标称电压的±7%;220V单相供电电压偏差为标称电压的-10%~+7%。

2.频率偏差

我国电力系统的标称频率为50Hz,俗称工频。频率的变化,将影响产品的质量,如频率降低将导致电动机的转速下降。频率下降得过低,有可能使整个电力系统崩溃。我国电力系统现行国家标准《电能质量电力系统频率允许偏差》(GB/T15945—2008)规定,正常频率偏差允许值为±0.2Hz,对于小容量系统,偏差值可以放宽到±0.5Hz。冲击负荷引起的系统频率变动一般不得超过±0.2Hz。

3.电压波形总谐波畸变率

供电电压(或电流)波形为较为严格的正弦波形。波形质量一般以总谐波畸变率作为衡量标准。所谓总谐波畸变率是指周期性交流量中谐波分量的方均根值与其基波分量的方均根值之比(用百分数表示)。110kV电网总谐波畸变率限值为2%,35kV电网限值为3%,10kV电网限值为4%。

4.三相电压不平衡度

三相电压不平衡度表示三相系统的不对称程度,用电压或电流负序分量与正序分量的方均根值百分比表示。现行国家标准《电能质量公用电网谐波》(GB/T14549—1993)规定,各级公用电网,110kV 电网总谐波畸变率限值为 2%,35～66kV 电网限值为 3%,6～10kV 电网限值为 4%,0.38kV 电网限值为 5%。用户注入电网的谐波电流允许值应保证各级电网谐波电压在限值范围内,所以国标规定各级电网谐波源产生的电压总谐波畸变率是:0.38kV 的为 2.6%,6～10kV 的为 2.2%,35～66kV 的为 1.9%,110kV 的为 1.5%。对 220kV 电网及其供电的电力用户参照本标准 110kV 执行。间谐波是指非整数倍基波频率的谐波。随着分布式电源的接入、智能电网的发展,间谐波有增大的趋势。现行国家标准《电能质量公用电网间谐波》(GB/T24337—2009)规定,1000V 及以下,低于 100Hz 的间谐波电压含有率限值为 0.2%,100～800Hz 的间谐波电压含有率限值为 0.5%;1000V 以上,低于 100Hz 的间谐波电压含有率限值为 0.16%,100～800Hz 的间谐波电压含有率限值为 0.4%。

现行国家标准《电能质量三相电压允许不平衡度》(GB/T15543—2008)规定,电力系统公共连接点三相电压不平衡度允许值为 2%,短时不超过 4%。接于公共接点的每个用户,引起该节点三相电压不平衡度允许值为 1.3%,短时不超过 2.6%。

5. 电压波动和闪变

电压波动是指负荷变化引起电网电压快速、短时的变化,变化剧烈的电压波动称为电压闪变。为使电力系统中具有冲击性功率的负荷对供电电压质量的影响控制在合理的范围,现行国家标准《电能质量电压允许波动和闪变》(GB/T12326—2008)规定,电力系统公共连接点,由波动负荷产生的电压变动限值与变动频度、电压等级有关。变动频度每小时不超过 1 次时,电压低于 35kV 时,电压变动限值为 4%;电压为 35kV～220kV 时,电压变动限值为 3%。当变动频率为 100～1000 次,电压低于 35kV 时,电压变动限值为 1.25%,电压为 35kV～220kV 时,电压变动限值为 1%。电力系统公共连接点,在系统运行的较小方式下,以一周 (168h)为测量周期,所有长时间闪变值 P 满足:110kV 及以下,P=1; 110kV 以上,P=0.8。

(五)电力系统的基本参数

除了电路中所学的三相电路的主要电气参数,如电压、电流、阻抗(电阻、电抗、容抗)、功率(有功功率、无功功率、复功率、视在功率)、频率等外,表征电力系统的基本参数有总装机容量、年发电量、最大负荷、年用电量、额定频率、最高电压等级等。

(1)总装机容量。电力系统的总装机容量是指该系统中实际安装的发电机组额定有功功率的总和,以千瓦(kW)、兆瓦(MW)和吉瓦(GW)计,它们的换算关系为:$1GW=10^3MW=10^6kW$。

(2)年发电量。年发电量是指该系统中所有发电机组全年实际发出电能的总和,以兆瓦时(MW·h)、吉瓦时(GW·h)和太瓦时(TW·h)计,它们的换算关系为:$1TW·h=10^3GW·h=10^6MW·h$。

(3)最大负荷。最大负荷是指规定时间内,如一天、一月或一年,电力系统总有功功率负荷的最大值,以千瓦(kW)、兆瓦(MW)和吉瓦(GW)计。

(4)年用电量。年用电量是指接在系统上的所有负荷全年实际所用电能的总和,以兆瓦时(MW·h)、吉瓦时(GW·h)和太瓦时(TW·h)计。

(5)额定频率。按照国家标准规定,我国所有交流电力系统的额定频率均为 50Hz,欧美国家交流电力系统的额定频率则为 60Hz。

(6)最高电压等级。最高电压等级是指电力系统中最高电压等级电力线路的额定电压,以千伏(kV)计,目前我国电力系统中的最高电压等级为 1000kV。

(7)电力系统的额定电压。电力系统中各种不同的电气设备通常是由制造厂根据其工作条件确定其额定电压,电气设备在额定电压下运行时,其技术经济性能最好。为了使电力工业和电工制造业的生产标准化、系列化和统一化,世界各国都制定有电压等级的条例。

　　用电设备的额定电压与同级的电力网的额定电压是一致的。电力线路的首端和末端均可接用电设备,用电设备的端电压允许偏移范围为额定电压的±5％,线路首末端电压损耗不超过额定电压的10％。于是,线路首端电压比用电设备的额定电压不高出5％,线路末端电压比用电设备的额定电压不低于5％,线路首末端电压的平均值为电力网额定电压。

　　发电机接在电网的首端,其额定电压比同级电力网额定电压高5％,用于补偿电力网上的电压损耗。

　　变压器的额定电压分为一次绕组额定电压和二次绕组额定电压。变压器的一次绕组直接与发电机相连时,其额定电压等于发电机额定电压;当变压器接于电力线路末端时,则相当于用电设备,其额定电压等于电力网额定电压。变压器的二次绕组额定电压,是绕组的空载电压,当变压器为额定负载时,在变压器内部有5％的电压降。另外,变压器的二次绕组向负荷供电相当于电源作用,其输出电压应比同级电力网的额定电压高5％,因此,变压器的二次绕组额定电压比同级电力网额定电压高10％。当二次配电距离较短或变压器绕组中电压损耗较小时,二次绕组额定电压只需比同级电力网额定电压高5％。

　　电力网额定电压的选择又称为电压等级的选择,要综合电力系统投资、运行维护费用、运行的灵活性以及设备运行的经济合理性等方面的因素来考虑。在输送距离和输送容量一定的条件下,所选的额定电压越高,线路上的功率损耗、电压损失、电能损耗会减少,能节省有色金属。但额定电压越高,线路上的绝缘等级要提高,杆塔的几何尺寸要增大,线路投资增大,线路两端的升、降压变压器和开关设备等的投资也相应要增大。因此,电力网额定电压的选择要根据传输距离和传输容量经过全面技术经济比较后才能选定。

(六)电力系统的接线方式

1.电力系统的接线图

　　电力系统的接线方式是用来表示电力系统中各主要元件相互连接关系的,对电力系统运行的安全性与经济性影响极大。电力系统的接线方式用接线图来表示,接线图有电气接线图和地理接线图两种。

(1)电气接线图。在电气接线图上,要求表明电力系统各主要电气设备之间的电气连接关系。电气接线图要求接线清楚,一目了然,而不过分重视实际的位置关系、距离的比例关系。

(2)地理接线图。在地理接线图上,强调电厂与变电站之间的实际位置关系及各条输电线的路径长度,这些都按一定比例反映出来,但各电气设备之间的电气联系、连接情况不必详细表示。

2.电力系统的接线方式

选择电力系统接线方式时,应保证与负荷性质相适应的足够的供电可靠性;深入负荷中心,简化电压等级,做到接线紧凑、简明;保证各种运行方式下操作人员的安全;保证运行时足够的灵活性;在满足技术条件的基础上,力求投资费用少,设备运行和维护费用少,满足经济性要求。

(1)开式电力网

开式电力网由一条电源线路向电力用户供电,分为单回路放射式、单回路干线式、单回路链式和单回路树枝式等。开式电力网接线简单,运行方便,保护装置简单,便于实现自动化,投资费用少,但供电的可靠性较差,只能用于三级负荷和部分次要的二级负荷,不适于向一级负荷供电。

由地区变电所或企业总降压变电所6~10kV母线直接向用户变电所供电时,沿线不接其他负荷,各用户变电所之间也无联系,可选用放射式接线。

(2)闭式电力网

闭式电力网由两条及两条以上电源线路向电力用户供电,分为双回路放射式、双回路干线式、双回路链式、双回路树枝式、环式和两端供电式。闭式电力网供电可靠性高,运行和检修灵活,但投资大,运行操作和继电保护复杂,适用于对一级负荷供电和电网的联络。

对供电的可靠性要求很高的高压配电网,还可以采用双回路架空线路或多回路电缆线路进行供电,并尽可能在两侧都有电源。

(七)电力系统运行

1.电力系统分析

电力系统分析是用仿真计算或模拟试验方法,对电力系统的稳态和受到干扰后的暂态行为进行计算、考查,做出评估,提出改善系统性能的措施的过程。通过分析计算,可对规划设计的系统选择正确的参数,制定合理的电网结构,对运行系统确定合理的运行方式,进行事故分析和预测,提出防止和处理事故的技术措施。电力系统分析分为电力系统稳态分析、故障分析和暂态过程的分析,以电力系统潮流计算、短路故障计算和稳定计算为基础。

(1)电力系统稳态分析

电力系统稳态分析主要研究电力系统稳态运行方式的性能,包括潮流计算、静态稳定性分析和谐波分析等。

电力系统潮流计算包括系统有功功率和无功功率的平衡,网络节点电压和支路功率的分布等,解决系统有功功率和频率调整、无功功率和电压控制等问题。潮流计算是电力系统稳态分析的基础。潮流计算的结果可以给出电力系统稳态运行时各节点电压和各支路功率的分布。在不同系统运行方式下进行大量潮流计算,可以研究并从中选择确定经济上合理、技术上可行、安全可靠的运行方式。潮流计算还可给出电力网的功率损耗,便于进行网络分析,并进一步制定降低网损的措施。潮流计算还可以用于电力网事故预测,确定事故影响的程度和防止事故扩大的措施。潮流计算也用于输电线路工频过电压研究和调相、调压分析,为确定输电线路并联补偿容量、变压器可调分接头设置等系统设计的主要参数以及线路绝缘水平提供部分依据。

静态稳定性分析主要分析电网在小扰动下保持稳定运行的能力,包括静态稳定裕度计算、稳定性判断等。为确定输电系统的输送功率,分析静态稳定破坏和低频振荡事故的原因,选择发电机励磁调节系统、电力系统稳定器和其他控制调节装置的形式和参数提供依据。

谐波分析主要通过谐波潮流计算,研究在特定谐波源作用下,电力网内各节点谐波电压和支路谐波电流的分布,确定谐波源的影响,从而制定消除谐波的措施。

(2)电力系统故障分析

电力系统故障分析主要研究电力系统中发生故障(包括短路、断线和非正常操作)时,故障电流、电压及其在电力网中的分布。短路电流计算是故障分析的主要内容。短路电流计算的目的是确定短路故障的严重程度,选择电气设备参数,整定继电保护,分析系统中负序及零序电流的分布,从而确定其对电气设备和系统的影响等。

电磁暂态分析还研究电力系统故障和操作过电压的过程,为变压器、断路器等高压电气设备和输电线路的绝缘配合和过电压保护的选择以及降低或限制电力系统过电压技术措施的制定提供依据。

(3)电力系统暂态分析

电力系统暂态分析主要研究电力系统受到扰动后的电磁和机电暂态过程,包括电磁暂态过程的分析和机电暂态过程的分析两种。

电磁暂态过程的分析主要研究电力系统故障和操作过电压及谐振过电压,为变压器、断路器等高压电气设备和输电线路的绝缘配合和过电压保护的选择,以及降低或限制电力系统过电压技术措施的制定提供依据。

机电暂态过程的分析主要研究电力系统受到大扰动后的暂态稳定和受到小扰动后的静态稳定性能。其中,暂态稳定分析主要研究电力系统受到诸如短路故障,切除或投入线路、发电机、负荷,发电机失去励磁或者冲击性负荷等大扰动作用下,电力系统的动态行为和保持同步稳定运行的能力,为选择规划设计中的电力系统的网络结构,校验和分析运行中的电力系统的稳定性能和稳定破坏事故,制订防止稳定破坏的措施提供依据。

电力系统分析工具有暂态网络分析仪、物理模拟装置和计算机数字仿真三种。

2.电力系统继电保护和安全自动装置

电力系统继电保护和安全自动装置是在电力系统发生故障或不正常

运行情况时,用于快速切除故障、消除不正常状况的重要自动化技术和设备(装置)。电力系统发生故障或危及其安全运行的事件时,它们可及时发出警告信号或直接发出跳闸命令以终止事件发展。用于保护电力元件的设备通常称为继电保护装置,用于保护电力系统安全运行的设备通常称为安全自动装置,如自动重合闸、按周减载等。

3.电力系统自动化

应用各种具有自动检测、反馈、决策和控制功能的装置,并通过信号、数据传输系统对电力系统各元件、局部系统或全系统进行就地或远方的自动监视、协调、调节和控制,以保证电力系统的供电质量和安全经济运行。

随着电力系统规模和容量的不断扩大,系统结构、运行方式日益复杂,单纯依靠人力监视系统运行状态、进行各项操作、处理事故等已无能为力。因此,必须应用现代控制理论、电子技术、计算机技术、通信技术和图像显示技术等科学技术的最新成就来实现电力系统自动化。

三、电力电子技术

(一)电力电子技术的作用

电力电子技术是通过静止的手段对电能进行有效的转换、控制和调节,从而把能得到的输入电源形式变成希望得到的输出电源形式的科学应用技术。它是电子工程、电力工程和控制工程相结合的一门技术,它以控制理论为基础、以微电子器件或微计算机为工具、以电子开关器件为执行机构,实现对电能的有效变换,高效、实用、可靠地把能得到的电源变为所需要的电源,以满足不同的负载要求,同时具有电源变换装置小体积、轻重量和低成本等优点。电力电子技术的主要作用如下:

1.节能减排。通过电力电子技术对电能的处理,电能的使用可达到合理、高效和节约,实现了电能使用最优化。当今世界电力能源的使用约占总能源的40%,而电能中有40%经过电力电子设备的变换后被使用。利用电力电子技术对电能变换后再使用,人类至少可节省近1/3的能源,相应地可大大减少煤燃烧而排放的二氧化碳和硫化物。

2.改造传统产业和发展机电一体化等新兴产业。目前发达国家约70%的电能是经过电力电子技术变换后再使用的,据预测,今后将有95%的电能会经电力电子技术处理后再使用,我国经过变换后使用的电能目前还不到45%。

3.电力电子技术向高频化方向发展。实现最佳工作效率,将使机电设备的体积减小到原来的几分之一,甚至几十分之一,响应速度达到高速化,并能适应任何基准信号,实现无噪声且具有全新的功能和用途。例如,频率为20kHz的变压器,其重量和体积只是普通50Hz变压器的十几分之一,钢、铜等原材料的消耗量也大大减少。

4.提高电力系统稳定性,避免大面积停电事故。通过电力电子技术实现的直流输电线路可以起到故障隔离墙的作用,这样发生事故的范围就可大大缩小,有利于避免大面积停电事故的发生。

(二)电力电子技术的特点

电力电子技术是采用电子元器件作为控制元件和开关变换器件,利用控制理论对电力(电源)进行控制变换的技术,它是从电气工程的三大学科领域(电力、控制、电子)发展起来的一门新型交叉学科。

电力电子开关器件工作时会产生很高的电压变化率和电流变化率。电压变化率和电流变化率作为电力电子技术应用的工作形式,对系统的电磁兼容性和电路结构设计都有十分重要的影响。概括来说,电力电子技术的特点为:弱电控制强电;传送能量的模拟—数字—模拟转换技术;多学科知识的综合设计技术。

新型电力电子器件呈现出许多优势,它使得电力电子技术发生突变,进入现代电力电子技术阶段。现代电力电子技术向全控化、集成化、高频化、高效率化、变换器小型化和电源变换绿色化等方向发展。

(三)电力电子技术的研究内容

电力电子技术的主要任务是研究电力半导体器件、变流器拓扑及其控制和电力电子应用系统,实现对电、磁能量的变换、控制、传输和存储,以达到合理、高效地使用各种形式的电能,为人类提供高质量电、磁能量。电力电子技术的研究内容主要包括以下几个方面。

1.电力半导体器件

电力半导体器件是电力电子技术的核心,用于大功率变换和控制时,与信息处理用器件不同,一是必须具有承受高电压、大电流的能力;二是以开关方式运行。因此,电力电子器件也称为电力电子开关器件。电力电子器件种类繁多,分类方法也不同。按照开通、关断的控制,电力电子器件可分为不控型、半控型和全控型三类。全控型器件在现代电力电子技术应用中起主导作用。按照驱动性质,电力电子器件可以分为电压型和电流型两种。

在应用器件时,选择电力电子器件一般需要考虑的是器件的容量(额定电压和额定电流值)、过载能力、关断控制方式、导通压降、开关速度、驱动性质和驱动功率等。

2.电力电子变换器的电路结构

以电力半导体器件为核心,采用不同的电路拓扑结构和控制方式来实现对电能的变换和控制,这就是变流电路。变换器电路结构的拓扑优化是现代电力电子技术的主要研究方向之一。根据电能变换的输入/输出形式,变换器电路可分为交流－直流变换(AC/DC)、直流－直流变换(DC/DC)、直流－交流变换(DC/AC)和交流－交流变换(AC/AC)四种基本形式。

3.电力电子电路的控制

控制电路的主要作用是为变换器中的功率开关器件提供控制极驱动信号。驱动信号是根据控制指令,按照某种控制规律及控制方式而获得的。控制电路应该包括时序控制、保护电路、电气隔离和功率放大等电路。

(1)电力电子电路的控制方式。电力电子电路的控制方式一般按照器件开关信号与控制信号间的关系分类,可分为相控方式、频控方式、斩控方式等。

（2）电力电子电路的控制理论。对线性负荷常采用 PI 和 PID （proportion 比例、integral 积分、differential 微分）控制规律，对交流电机这样的非线性控制对象，最典型的是采用基于坐标变换解耦的矢量控制算法。为了使复杂的非线性、时变、多变量、不确定、不确知等系统，在参量变化的情况下获得理想的控制效果，变结构控制、模糊控制、基于神经元网络和模糊数学的各种现代智能控制理论，在电力电子技术中已获得广泛应用。

（3）控制电路的组成形式。早期的控制电路采用数字或模拟的分立元件构成，随着专用大规模集成电路和计算机技术的迅速发展，复杂的电力电子变换控制系统，已采用 DSP（Digital Signal Processing，数字信号处理）、FPGA（Filed Programmable Gate Array，现场可编程器件）、专用控制等大规模集成芯片以及微处理器构成控制电路。

除了上述几方面，电力电子技术研究还包括：

（1）电力电子变流技术。其研究内容主要包括新型的或适用于电源、节能及电力电子新能源利用、军用和太空等特种应用中的电力电子变流技术；电力电子变流器智能化技术；电力电子系统中的控制和计算机仿真、建模等。

（2）电力电子应用技术。其研究内容主要包括超大功率变流器在节能、可再生能源发电、钢铁、冶金、电力、电力牵引、舰船推进中的应用，电力电子系统信息与网络化，电力电子系统故障分析和可靠性，复杂电力电子系统稳定性和适应性等。

（3）电力电子系统集成。其研究内容主要包括电力电子模块标准化，单芯片和多芯片系统设计，电力电子集成系统的稳定性、可靠性等。

（四）电力电子技术的应用

电力电子技术是实现电气工程现代化的重要基础。电力电子技术广泛应用于国防军事、工业、能源、交通运输、电力系统、通信系统、计算机系统、新能源系统以及家用电器等。

1. 工业电力传动

工业中大量应用各种交、直流电动机和特种电动机。近年来，由于电力电子变频技术的迅速发展，使得交流电动机的调速性能可与直流电动机的性能相媲美。我国也于 1998 年开始了从直流传动到交流传动转换的铁路牵引传动产业改革。

电力电子技术主要解决电动机的启动问题（软启动）。对于调速传动，电力电子技术不仅要解决电动机的启动问题，还要解决好电动机整个调速过程中的控制问题，在有的场合还必须解决好电动机的停机制动和定点停机制动控制问题。

2. 电源

电力电子技术的另一个应用领域是各种各样电源的控制。电器电源的需求是千变万化的，因此电源的需求和种类非常多。例如，太阳能、风能、生物质能、海洋潮汐能及超导储能等可再生能源，受环境条件的制约，发出的电能质量较差，而利用电力电子技术可以进行能量存储和缓冲，改善电能质量。同时，采用变速恒频发电技术，可以将新能源发电系统与普通电力系统联网。

开关模式变换器的直流电源、DC/DC 高频开关电源、不间断电源（UPS，Uninterruptible Power System）和小型化开关电源等，在现代计算机、通信、办公自动化设备中被广泛采用。军事中主要应用的是雷达脉冲电源、声呐及声发射系统、武器系统及电子对抗等系统电源。

3. 电力系统工程

现代电力系统离不开电力电子技术。高压直流输电，其送电端的整流和受电端的逆变装置都是采用晶闸管变流装置，它从根本上解决了长距离、大容量输电系统无功损耗问题。柔性交流输电系统（FACTS，Flexible AC Transmission Systems），其作用是对发电－输电系统的电压和相位进行控制。其技术实质类似于弹性补偿技术。FACTS 技术是利用现代电力电子技术改造传统交流电力系统的一项重要技术，已成为未来输电系统新时代的支撑技术之一。

无功补偿和谐波抑制对电力系统具有重要意义。晶闸管控制电抗器、晶闸管投切电容量都是重要的无功补偿装置。静止无功发生器、有源电力滤波器等新型电力电子装置具有更优越的无功和谐波补偿的性能，采用超导磁能存储系统、蓄电池储进行有功补偿和提高系统稳定性。晶闸管可控串联电容补偿器用于提高输电容量，抑制次同步震荡，进行功率潮流控制。

4. 交通运输工程

电气化铁道已广泛采用电力电子技术，电气机车中的直流机车采用整流装置供电，交流机车采用变频装置供电。如直流斩波器广泛应用于铁道车辆，磁悬浮列车的电力电子技术更是一项关键的技术。新型环保绿色电动汽车和混合动力电动汽车正在积极发展中。绿色电动车的电动机以蓄电池为能源，靠电力电子装置进行电力变换和驱动控制，其蓄电池的充电也离不开电力电子技术。飞机、船舶需要各种不同要求的电源，因此航空、航海也都离不开电力电子技术。

5. 绿色照明

目前广泛使用的日光灯，其电子镇流器就是一个 AC－DC－AC 变换器，较好地解决了传统日光灯必须有镇流器启辉、全部电流都要流过镇流器的线圈因而无功电流较大等问题，可减少无功和有功损耗。还有利用注入式电致发光原理制作的二极管叫发光二极管，通称 LED 灯。当它处于正向工作状态时（即两端加上正向电压），电流从 LED 阳极流向阴极时，半导体晶体就发出从紫外到红外不同颜色的光线，光的强弱与电流有关。另外，采用电力电子技术可实现照明的电子调光。

电力电子技术的应用范围十分广泛。电力电子技术已成为我国国民经济的重要基础技术和现代科学、工业和国防的重要支撑技术。电力电子技术课程是电气工程及其自动化专业的核心课程之一。

四、高电压工程

(一)高电压与绝缘技术的发展

高电压与绝缘技术是随着高电压远距离输电而发展起来的一个电气工程分支学科。高电压与绝缘技术的基本任务是研究高电压的获得以及高电压下电介质及其电力系统的行为和应用。人类对高电压现象的关注已有悠久的历史,但作为一门独立的科学分支是20世纪初为了解决高压输电工程中的绝缘问题而逐渐形成的,美国工程师皮克(F. W. Peek)在1915年出版的《高电压工程中的电介质现象》一书中首次提出"高电压工程"这一术语。20世纪40年代以后,由于电力系统输送容量的扩大,电压水平的提高以及原子物理技术等学科的进步,高电压和绝缘技术得到快速发展。20世纪60年代以来,受超高压、特高压输电和新兴科学技术发展的推动,高电压技术已经扩大了其应用领域,成为电气工程学科中十分重要的一个分支。

1890年,在英国建成了世界上最早的一条长达45km的10kV输电线路。1891年,德国建造了一条从腊芬到法兰克福长175km的15.2kV三相交流输电线路。由于升高电压等级,可以提高系统的电力输送能力,降低线路损耗,增加传输距离,还可以降低电网传输单位容量的造价,高压交流输电得到了迅速发展。电压等级逐次提高,输电线路经历了20kV、35kV、60kV、110kV、150kV、220kV 的 高 压,287kV、330kV、400kV、500kV、735～765kV 的超高压。20世纪60年代,国际上开始了对特高压输电的研究。

与此同时,高压直流输电也得到快速发展。1954年,瑞典建成了从本土通往戈特兰岛的世界上第一条工业性直流输电线路,标志着直流输电进入了发展阶段。1972年,晶闸管阀(可控硅阀)在加拿大的伊尔河直流输电工程中得到采用。这是世界上首次采用先进的晶闸管阀取代原先的汞弧阀,从而使得直流输电进入了高速发展阶段。电压等级由$\pm 100kV$、$\pm 250kV$、$\pm 400kV$、$\pm 500kV$发展到$\pm 750kV$。一般认为高压直流输电适用的范围为：长距离、大功率的电力输送，在超过交、直流输电等价距离时最为合适；海底电缆送电；交、直流并联输电系统中提高系统稳定性；实现两个不同额定功率或者相同频率电网之间非同步运行的连接；通过地下电缆向用电密度高的城市供电；为开发新电源提供配套技术。

目前，国际上的高压一般指 $35\sim220\mathrm{kV}$ 的电压；超高压一般指 $330\mathrm{kV}$ 以上、$1000\mathrm{kV}$ 以下的电压；特高压一般指 $1000\mathrm{kV}$ 及以上的电压。而高压直流（HVDC）通常指的是 $\pm600\mathrm{kV}$ 及以下的直流输电电压，$\pm600\mathrm{kV}$ 以上的则称为特高压直流（UHVDC）。

我国的高电压技术的发展和电力工业的发展是紧密联系的。在中华人民共和国成立以前，电力工业发展缓慢，从 1908 年建成的石龙坝水电站—昆明的 $22\mathrm{kV}$ 线路到 1943 年建成的镜泊湖水电站—延边的 $110\mathrm{kV}$ 线路，中间出现过的电压等级有 $33\mathrm{kV}$、$44\mathrm{kV}$、$66\mathrm{kV}$ 以及 $154\mathrm{kV}$ 等。输电建设迟缓，输电电压因具体工程不同而不同，没有具体标准，输电电压等级繁多。中华人民共和国成立以后，我国才逐渐形成了经济合理的电压等级系列。1952 年，我国开始自主建设 $110\mathrm{kV}$ 线路，并逐步形成京津唐 $110\mathrm{kV}$ 输电网。1954 年建成丰满—李石寨 $220\mathrm{kV}$ 输电线，接下来的几年逐步形成了 $220\mathrm{kV}$ 东北骨干输电网。1972 年，建成 $330\mathrm{kV}$ 刘家峡—关中输电线路，并逐渐形成西北电网 $330\mathrm{kV}$ 骨干网架。1981 年，建成 $500\mathrm{kV}$ 姚孟—武昌输电线路，开始形成华中电网 $500\mathrm{kV}$ 骨干网架。1989 年，建成 $\pm500\mathrm{kV}$ 葛洲坝—上海超高压直流输电线路，实现了华中、华东两大区域电网的直流联网。

由于我国幅员辽阔，一次能源分布不均衡，动力资源与重要负荷中心距离很远，因此，我国的送电格局是"西电东送"和"北电南送"。云广特高压 $\pm800\mathrm{kV}$ 直流输电工程是西电东送项目之一，也是世界首条 $\pm800\mathrm{kV}$ 直流输电工程。该输电工程西起云南楚雄变电站，经过云南、广西、广东三省辖区，东止于广东曾城穗东变电站。晋东南—南阳—荆门 $1000\mathrm{kV}$ 特高压输电工程是北电南送项目之一，全长 $645\mathrm{km}$，变电容量两端各

3000kVA。该工程连接华北和华中电网,北起山西的晋东南变电站,经河南南阳开关站,南至湖北的荆门变电站。该电网既可将山西火电输送到华中缺能地区,也可在丰水期将华中富余水电输送到以火电为主的华北电网,使水火电资源分配更加合理。从我国首条 500 千伏交流输变电工程,到 2005 年我国首个 750 千伏电压等级的超高压输变电工程——750 千伏官亭－兰州东输变电示范工程,再到 2009 年建设规模位居亚洲第一、世界第二的 500 千伏超高压、长距离、大容量的跨海联网工程——南方主网与海南电网联网跨越琼州海峡 500 千伏海底电缆工程。从我国第一条±500 千伏直流输电工程,到 2010 年世界首个±660 千伏直流输电工程——宁东－山东±660 千伏直流输电示范工程,再到 2012 年我国第一条高海拔、高寒区直流输电工程——青海－西藏±400 千伏直流输电工程。经过多年跨越式发展,中国超高压输变电技术及其工程应用已经得到飞速发展,在电压等级、输送容量、装备技术等方面都不断创造了新纪录,实现了超高压电压等级的"全覆盖",实现了超高压输电从陆地到海上的全面"联通"。

2009 年和 2010 年,世界首条交流特高压输电工程——1000 千伏晋东南－南阳－荆门特高压交流试验示范工程和首条直流特高压输电工程——±800 千伏云南至广东特高压直流试验示范工程分别投入商业运行,标志着我国在特高压、远距离、大容量输变电核心技术和自主知识产权方面取得重大突破,显示了我国特高压电网建设达到国际领先水平。自此,中国电网正式步入特高压时代,并开始领跑世界特高压电网建设运行。

截至 2019 年底,我国已经建成"十二交十四直"26 条特高压工程,特高压交流输变电工程实现了变电站内建设规模的提升,输电线路由单回路提升到同塔双回路,形成了交流特高压网架。随着世界上电压等级最高、输电容量最大的特高压直流输电工程——昌吉－古泉±1100 千伏特高压直流输电工程的投运,特高压直流输变电工程在输电容量提升的基础上,电压等级也得到了提升。特高压在技术研究、工程设计、装备制造、建设运行等方面取得了一系列重大突破:掌握了特高压核心技术,实现了特高压设备自主研制和国产化目标,形成了国际一流的特高压实验能力,建立了较为完整的特高压标准体系,并逐步实现了从"试验""示范"到全面大规模建设的跨越。2020 年,有"电力高速公路"之称的特高压作为"新基建"七大领域之一,已然成为世界瞩目的焦点。

(二)高电压与绝缘技术的研究内容

高电压与绝缘技术是以试验研究为基础的应用技术,主要研究高电压的产生,在高电压作用下各种绝缘介质的性能和不同类型的放电现象,高电压设备的绝缘结构设计,高电压试验和测量的设备与方法,电力系统过电压及其限制措施,电磁环境及电磁污染防护,以及高电压技术的应用等。

1.高电压的产生

根据需要人为地获得预期的高电压是高电压技术中的核心研究内容。这是因为在电力系统中,在大容量、远距离的电力输送要求越来越高的情况下,几十万伏的高电压和可靠的绝缘系统是支撑其实现的必备的技术条件。

电力系统一般通过高电压变压器、高压电路瞬态过程变化产生交流高电压,直流输电工程中采用先进的高压硅堆等作为整流阀把交流电变换成高压直流电。一些自然物理现象也会形成高电压,如雷电、静电。高电压试验中的试验高电压由高电压发生装置产生。常见的高电压发生装置有:由工频试验变压器、串联谐振实验装置和超低频试验装置等组成的交流高电压发生装置;利用高压硅堆等作为整流阀的直流高电压发生装置;模拟雷电过电压或操作过电压的冲击电压电流发生装置。

2.高电压绝缘与电气设备

在高电压技术研究领域内,不论是要获得高电压,还是研究高电压下系统特性或者在随机干扰下电压的变化规律,都离不开绝缘的支撑。

高电压设备的绝缘应能承受各种高电压的作用,包括交流和直流工作电压、雷电过电压和内过电压。研究电介质在各种作用电压下的绝缘特性、介电强度和放电机理,有利于合理解决高电压设备的绝缘结构问题。电介质在电气设备中是作为绝缘材料使用的,按其物质形态可分为气体介质、液体介质和固体介质三类。在实际应用中,对高压电气设备绝缘的要求是多方面的,单一电介质往往难以满足要求,因此,实际的绝缘结构由多种介质组合而成。电气设备的外绝缘一般由气体介质和固体介质联合组成,而设备的内绝缘则往往由固体介质和液体介质联合组成。

过电压对输电线路和电气设备的绝缘是个严重的威胁,为此,要着重研究各种气体、液体和固体绝缘材料在不同电压下的放电特性。

3.高电压试验

高电压领域的各种实际问题一般都需要经过试验来解决,因此,高电压试验设备、试验方法以及测量技术在高电压技术中占有格外重要的地位。电气设备绝缘预防性试验已成为保证现代电力系统安全可靠运行的重要措施之一。这种试验除了在新设备投入运行前在交接、安装、调试等环节中进行外,更多的是对运行中的各种电气设备的绝缘进行定期检查,以便及早发现绝缘缺陷,及时更换或修复,防患于未然。

绝缘故障大多因内部存在缺陷而引起,就其存在的形态而言,绝缘缺陷可分为两大类。第一类是集中性缺陷,这是指电气设备在制造过程中形成的局部缺损,如绝缘子瓷体内的裂缝、发电机定子绝缘层因挤压磨损而出现的局部破损、电缆绝缘层内存在的气泡等,这一类缺陷在一定条件下会发展扩大,波及整体。第二类是分散性缺陷,这是指高压电气设备整体绝缘性能下降,如电机、变压器等设备的内绝缘材料受潮、老化、变质等。

绝缘内部有了缺陷后,其特性往往要发生变化,因此,可以通过实验测量绝缘材料的特性及其变化来查出隐藏的缺陷,以判断绝缘状况。由于缺陷种类很多、影响各异,所以绝缘预防性试验的项目也就多种多样。高电压试验可分为两大类,即非破坏性试验和破坏性试验。

电气设备绝缘试验主要包括绝缘电阻及吸收比的测量,泄漏电流的测量,介质损失角正切的测量,局部放电的测量,绝缘油的色谱分析,工频交流耐压试验,直流耐压试验,冲击高电压试验,电气设备的在线检测等。每个项目所反映的绝缘状态和缺陷性质亦各不相同,故同一设备往往要接受多项试验,才能做出比较准确的判断和结论。

4.电力系统过电压及其防护

研究电力系统中各种过电压,以便合理确定其绝缘水平,是高电压技术的重要内容之一。

电力系统的过电压包括雷电过电压(又称大气过电压)和内部过电压。雷击除了威胁输电线路和电气设备的绝缘外,还会危害高建筑物、通信线路、天线、飞机、船舶和油库等设施的安全。目前,人们主要是设法去躲避和限制雷电的破坏性,基本措施就是加装避雷针、避雷线、避雷器、防雷接地、电抗线圈、电容器组、消弧线圈和自动重合闸等防雷保护装置。避雷针、避雷线用于防止直击雷过电压。避雷器用于防止沿输电线路侵入变电所的感应雷过电压,有管型和阀型两种。现在广泛采用金属氧化物避雷器(又称氧化锌避雷器)。

电力系统对输电线路、发电厂和变电所的电气装置都要采取防雷保护措施。

电力系统内过电压是因正常操作或故障等原因使电路状态或电磁状态发生变化,引起电磁能量振荡而产生的。其中,衰减较快、持续时间较短的称为操作过电压;无阻尼或弱阻尼、持续时间长的称为暂态过电压。

过电压与绝缘配合是电力系统中一个重要的课题,首先需要清楚过电压的产生和传播规律,然后根据不同的过电压特征决定其防护措施和绝缘配合方案。随着电力系统输电电压等级的提高,输变电设备的绝缘部分占总设备投资的比重越来越大。因此,采用何种限压措施和保护措施,使之在不增加过多的投资前提下,既可以保证设备安全使系统可靠地运行,又可以减少主要设备的投资费用,这个问题归结为绝缘如何配合的问题。

(三)高电压与绝缘技术的应用

高电压与绝缘技术在电气工程以外的领域得到了广泛的应用,如在粒子加速器、大功率脉冲发生器、受控热核反应研究、磁流体发电、静电喷涂和静电复印等中都有应用。

1. 等离子体技术及其应用

所谓等离子体,指的是一种拥有离子、电子和核心粒子的不带电的离子化物质。等离子体包括有几乎相同数量的自由电子和阳极电子。等离子体可分为两种,即高温和低温等离子体。高温等离子体主要应用有温度为 $10^2 \sim 10^4 \mathrm{eV}$($1\sim 10$ 亿摄氏度,$1\mathrm{eV}=11600\mathrm{K}$)的超高温核聚变发电。现在低温等离子体广泛运用于多种生产领域:等离子体电视;等离子体刻蚀,如电脑芯片中的刻蚀;等离子体喷涂;制造新型半导体材料;纺织;冶炼;焊接;婴儿尿布表面防水涂层;增加啤酒瓶阻隔性;等离子体隐身技术在军事方面还可应用于飞行器的隐身。

2. 静电技术及其应用

静电感应、气体放电等效应用于生产和生活等多方面的活动,形成了静电技术,它广泛应用于电力、机械、轻工等高技术领域,如静电除尘广泛用于工厂烟气除尘;静电分选可用于粮食净化、茶叶挑选、冶炼选矿、纤维选拣等;静电喷涂、静电喷漆广泛应用于汽车、机械、家用电器等。静电技术的应用除了静电植绒、静电纺纱、静电制版之外,还有静电轴承、静电透镜、静电陀螺仪和静电火箭发电机等。

3. 在环保领域的应用

在烟气排放前,可以通过高压窄脉冲电晕放电来对烟气进行处理,以达到较好的脱硫脱硝效果,并且在氨注入的条件下,还可以生成化肥;在处理汽车尾气方面,国际上也在尝试用高压脉冲放电产生非平衡态等离子体来处理;在污水处理方面,采用水中高压脉冲放电的方法,对废水中的多种燃料能够达到较好的降解效果;在杀毒灭菌方面,通过高压脉冲放电产生的各种带电粒子和中性粒子发生的复杂反应,能够产生高浓度的臭氧和大量的活性自由基来杀毒灭菌;通过高电压技术人工模拟闪电,能够在无氧状态下,用强带电粒子流破坏有毒废弃物,将其分解成简单分子,并在冷却中和冷却后形成高稳定性的玻璃体物质或者有价金属等,此技术对于处理固体废弃物中的有害物质效果显著。

4.在照明技术中的应用

气体放电光源是利用气体放电时发光的原理制成的光源。气体放电光源中,应用较多的是辉光放电和弧光放电现象。辉光放电用于霓虹灯和指示灯,弧光放电有很强的光通量,用于照明光源,常用的有荧光灯、高压汞灯、高压钠灯、金属卤化物灯和氙灯等气体放电灯。气体放电用途极为广泛,在摄影、放映、晒图、照相复印、光刻工艺、化学合成、荧光显微镜、荧光分析、紫外探伤、杀菌消毒、医疗、生物栽培等方面也都有广泛的应用。

此外,在生物医学领域,静电场或脉冲电磁场对于促进骨折愈合效果明显。在新能源领域,受控核聚变、太阳能发电、风力发电以及燃料电池等新能源技术得到了飞跃发展。

五、电气工程新技术

在电力生产、电工制造与其他工业发展,以及国防建设与科学实验的实际需要的有力推动下,在新原理、新理论、新技术和新材料发展的基础上,发展起来了多种电气工程新技术(简称电工新技术),成为近代电气工程科学技术发展中最为活跃和最有生命力的重要分支。

(一)超导电工技术

超导电工技术涵盖了超导电力科学技术和超导强磁场科学技术,包括实用超导线与超导磁体技术与应用,以及初步产业化的实现。

1911年,荷兰科学家昂纳斯(H. Kamerlingh Onnes)在测量低温下汞电阻率的时候发现,当温度降到4.2K附近,汞的电阻突然消失,后来他又发现许多金属和合金都具有与汞相类似的低温下失去电阻的特性,这就是超导态的零电阻效应,它是超导态的基本性质之一。1933年,荷兰的迈斯纳和奥森菲尔德共同发现了超导体的另一个极为重要的性质:当金属处在超导状态时,这一超导体内的磁感应强度为零,也就是说,磁力线完全被排斥在超导体外面。人们将这种现象称为"迈斯纳效应"。

利用超导体的抗磁性可以实现磁悬浮。把一块磁铁放在超导体上,由于超导体把磁感应线排斥出去,超导体跟磁铁之间有排斥力,结果磁铁悬浮在超导盘的上方。这种超导磁悬浮在工程技术中是可以大大利用的,超导磁悬浮轴承就是一例。

超导材料分为高温超导材料和低温超导材料两类,使用最广的是在液氦温区使用的低温超导材料 NbTi 导线和液氮温区高温超导材料 Bi 系带材。20 世纪 60 年代初,实用超导体出现后,人们就期待利用它使现有的常规电工装备的性能得到改善和提高,并期望许多过去无法实现的电工装备能成为现实。20 世纪 90 年代以来,随着实用的高临界温度超导体与超导线的发展,掀起了世界范围内新的超导电力热潮,这包括输电、限流器、变压器、飞轮储能等多方面的应用,超导电力被认为可能是 21 世纪最主要的电力新技术储备。

我国在超导技术研究方面,包括有关的工艺技术的研究和实验型样机的研制上,都建立了自己的研究开发体系,有自己的知识积累和技术储备,在电力领域也已开发出或正在研制开发超导装置的实用化样机,如高温超导输电电缆、高温超导变压器、高温超导限流器、超导储能装置和移动通信用的高温超导滤波器系统等,有的已投入试验运行。

高温超导材料的用途非常广阔,正在研究和开发的大致可分为大电流应用(强电应用)、电子学应用(弱电应用)和抗磁性应用三类。

(二)聚变电工技术

最早被人发现的核能是重元素的原子核裂变时产生的能量,人们利用这一原理制造了原子弹。科学家们又从太阳上的热核反应受到启发,制造了氢弹,这就是核聚变。

把核裂变反应控制起来,让核能按需要释放,就可以建成核裂变发电站,这一技术已经成熟。同理,把核聚变反应控制起来,也可以建成核聚变发电站。与核裂变相比,核聚变的燃料取之不尽,用之不绝,核聚变需要的燃料是重氢,在天然水分子中,约 7000 个分子内就含 1 个重水分子,2kg 重水中含有 4g 氘,一升水内约含 0.02g 氘,相当于燃烧 400 吨煤所放出的能量。地球表面有 13.7 亿立方千米海水,其中含有 25 万亿吨氘,它至少可以供人类使用 10 亿年。另外,核聚变反应运行相对安全,因为核聚变反应堆不会产生大量强放射性物质,而且核聚变燃料用量极少,能从根本上解决人类能源、环境与生态的持续协调发展的问题。但是,核聚变的控制技术远比核裂变的控制技术复杂。目前,世界上还没有一座实用的核聚变电站,但世界各国都投入了巨大的人力、物力进行研究。

实现受控核聚变反应的必要条件是:要把氘和氚加热到上亿摄氏度的超高温等离子体状态,这种等离子体粒子密度要达到每立方厘米 100 万亿个,并要使能量约束时间达到 1s 以上。这也就是核聚变反应点火条件,此后只需补充燃料(每秒补充约 1g),核聚变反应就能继续下去。在高温下,通过热交换产生蒸汽,就可以推动汽轮发电机发电。

由于无论什么样的固体容器都经受不起这样的超高温,因此,人们采用高强磁场把高温等离子体"箍缩"在真空容器中平缓地进行核聚变反应。但是高温等离子体很难约束,也很难保持稳定,有时会变得弯曲,最终触及器壁。人们研究得较多的是一种叫做托克马克的环形核聚变反应堆装置。另一种方法是惯性约束,即用强功率驱动器(激光、电子或离子束)把燃料微粒高度压缩加热,实现一系列微型核爆炸,然后把产生的能量取出来,惯性约束不需要外磁场,系统相对简单,但这种方法还有一系列技术难题有待解决。

1982 年底,美国建成一座为了使输出能量等于输入能量,以证明受控核聚变具有现实可能的大型"托克马克"型核聚变实验室反应堆。近年来,美国、英国、俄罗斯三国正在联合建设一座输出功率为 62 万千瓦的国际核聚变反应堆,希望其输出能量能够超过输入能量而使核聚变发电的可能性得到证实。1984 年 9 月,我国自行建成了第一座大型托克马克装置——中国环流器一号。2006 年,我国正式参加了全球规模最大、影响最深远的国际科技合作项目之一的国际热核聚变实验堆(ITER)计划。目前正在运行的实验装置是东方超环装置(EAST)和环流器二号装置(HL－2A)。其中,由我国科学家自主研制并拥有完全知识产权的

EAST 装置是世界首个全超导托卡马克核聚变实验装置。EAST 自 2006 年首次放电成功至今已开展了 14 轮物理实验,总放电超过 8 万次,先后创造多项托卡马克运行的世界纪录。其中 2012 年实现 411 秒 2000 万度高参数偏滤器等离子体和 30 秒高约束等离子体运行;2016 年实现电子温度超过 5000 万摄氏度持续时间 102 秒的超高温长脉冲等离子体运行,以及获得超过 60 秒的稳态长脉冲高约束等离子体运行;2017 年实现稳定的 101.2 秒稳态长脉冲高约束等离子体运行,成为世界上第一个实现稳态高约束模式运行持续时间达到百秒量级的托卡马克核聚变实验装置;2018 年实现了电子温度 1 亿摄氏度的等离子体运行……

(三)磁流体推进技术

1.磁流体推进船

磁流体推进船是在船底装有线圈和电极,当线圈通上电流,就会在海水中产生磁场,利用海水的导电特性,与电极形成通电回路,使海水带电。这样,带电的海水在强大磁场的作用下,产生使海水发生运动的电磁力,而船体就在反作用力的推动下向相反方向运动。由于超导电磁船是依靠电磁力作用而前进的,所以它不需要螺旋桨。

磁流体推进船的优点在于利用海水作为导电流体,而处在超导线圈形成的强磁场中的这些海水"导线",必然会受到电磁力的作用,其方向可以用物理学上的左手定则来判定。所以,在预先设计好的磁场和电流方向的配置下,海水这根"导线"被推向后方。同时,超导电磁船所获得的推力与通过海水的电流大小、超导线圈产生的磁场强度成正比。由此可知,只要控制进入超导线圈和电极的电流大小和方向,就可以控制船的速度和方向,并且可以做到瞬间启动、瞬时停止、瞬时改变航向,具有其他船舶无法与之相比的机动性。

但是由于海水的电导率不高,要产生强大的推力,线圈内必须通过强大的电流产生强磁场。如果用普通线圈,不仅体积庞大,而且极为耗能,所以必须采用超导线圈。

超导磁流体船舶推进是一种正在发展的新技术。随着超导强磁场的顺利实现,从 20 世纪 60 年代就开始了认真的研究发展工作。20 世纪 90 年代初,国外载人试验船就已经顺利地进行了海上试验。我国也进行了磁流体推进技术的研究,并于 2011 年研制成功磁流体海水推进器实验室样机,并完成回路测试。超导技术在舰船领域具有十分可贵的潜在应用价值,能够满足常规技术难以达到的技术要求。但由于超导技术涉及了材料、结构、电力、低温等多学科的交叉融合,也给超导技术的工程应用带来了很多挑战,使得目前超导技术的应用大部分尚处于研发或示范运行阶段。

2.等离子磁流体航天推进器

目前,航天器主要依靠燃烧火箭上装载的燃料推进,这使得火箭的发射质量很大,效率也比较低。为了节省燃料,提高效率,减小火箭发射质量,国外已经开始研发不需要燃料的新型电磁推进器。等离子磁流体推进器就是其中一种,它也称为离子发动机。与船舶的磁流体推进器不同,等离子磁流体推进器是利用等离子体作为导电流体。等离子磁流体推进器由同心的芯柱(阴极)与外环(阳极)构成,在两极之间施加高电压可同时产生等离子体和强磁场,在强磁场的作用下,等离子体将高速运动并喷射出去,推动航天器前进。

(四)磁悬浮列车技术

磁悬浮列车是一种采用磁悬浮、直线电动机驱动的新型无轮高速地面交通工具,它主要依靠电磁力实现传统铁路中的支承、导向和牵引功能。相应的磁悬浮铁路系统是一种新型的有导向轨的交通系统。由于运行的磁悬浮列车和线路之间无机械接触或可大大避免机械接触,从根本上突破了轮轨铁路中轮轨关系和弓网关系的约束,具有速度高、客运量大、对环境影响(噪声、振动等)小、能耗低、维护便宜、运行安全平稳、无脱轨危险、有很强的爬坡能力等一系列优点。

磁悬浮列车的实现要解决磁悬浮、直线电动机驱动、车辆设计与研制、轨道设施、供电系统、列车检测与控制等一系列高新技术的关键问题。任何磁悬浮列车都需要解决三个基本问题,即悬浮、驱动与导向。磁悬浮目前主要有电磁式、电动式和永磁式三种方式。驱动用的直线电动机有同步直线电动机和异步直线电动机两种。导向分为主动导向和被动导向两类。

高速磁悬浮列车有常导与超导两种技术方案,采用超导的优点是悬浮气隙大、轨道结构简单、造价低、车身轻,随着高温超导的发展与应用,将具有更大的优越性。目前,铁路电气化常规轮轨铁路的运营时速为200～350km/h,磁悬浮列车可以比轮轨铁路更经济地达到较高的速度(400～550km/h)。低速运行的磁悬浮列车在环境保护方面也比其他公共交通工具有优势。

我国上海引进德国的捷运高速磁悬浮系统于 2004 年 5 月投入上海浦东机场线运营,时速高达 400km/h 以上。这类常导磁悬浮列车系统是利用车体底部的可控悬浮和推进磁体与安装在路轨底面的铁芯电枢绕组之间的吸引力工作的,悬浮和推进磁体从路轨下面利用吸引力使列车浮起,导向和制动磁体从侧面使车辆保持运行轨迹。悬浮磁体和导向磁体安装在列车的两侧,驱动和制动通过同步长定子直线电动机实现。与之不同的是,日本的常导磁悬浮列车采用的是短定子异步电动机。日本超导磁悬浮系统的悬浮力和驱动力均来自车辆两侧。列车的驱动绕组和一组组的 8 字形零磁通线圈均安装在导轨两侧的侧壁上,车辆上的感应动力集成设备由动力集成绕组、感应动力集成超导磁铁和悬浮导向超导磁铁三部分组成。地面轨道两侧的驱动绕组通上三相交流电时,产生行波电磁场,列车上的车载超导磁体就会受到一个与移动磁场相同步的推力,推动列车前进。当车辆高速通过时,车辆的超导磁场会在导轨侧壁的悬浮线圈中产生感应电流和感应磁场。控制每组悬浮线圈上侧的磁场极性与车辆超导磁场的极性相反,从而产生引力,下侧极性与超导磁场极性相同,产生斥力,使得车辆悬浮起来,同时起到导向作用,由于无静止悬浮力,故有轮子。

(五)燃料电池技术

水电解以后可以生成氢和氧,其逆反应则是氢和氧化合生成水。燃料电池正是利用水电解及其逆反应获取电能的装置。以天然气、石油、甲醇、煤等原料为燃料制造氢气,然后与空气中的氧反应,便可以得到需要的电能。

燃料电池主要由燃料电极和氧化剂电极及电解质组成,加速燃料电池电化学反应的催化剂是电催化剂。常用的燃料有氢气、甲醇、肼液氨、烃类和天然气,如航天用的燃料电池大部分用氢或肼作燃料。氧化剂一般用空气或纯氧气,也有用过氧化氢水溶液的。作为燃料电极的电催化剂有过渡金属和贵金属铂、钯、钌、镍等,作氧电极用的电催化剂有银、金、汞等。由氧电极和电催化剂与防水剂组成的燃料电极形成阳极和阴极,阳极和阴极之间用电解质(碱溶液或酸溶液)隔开,燃料和氧化剂(空气)分别通入两个电极,在电催化剂的催化作用下,同电解质一起发生氧化还原反应。反应中产生的电子由导线引出,这样便产生了电流。因此,只要向电池的工作室不断加入燃料和氧化剂,并及时把电极上的反应产物和废电解质排走,燃料电池就能持续不断地供电。

燃料电池与一般火力发电相比,具有许多优点:发电效率比目前应用的火力发电还高,既能发电,又能获得质量优良的水蒸气来供热,其总的热效率可达到80%;工作可靠,不产生污染和噪声;燃料电池可以就近安装,简化了输电设备,降低了输电线路的电损耗;几百上千瓦的发电部件可以预先在工厂里做好,然后再把它运到燃料电池发电站去进行组装,建造发电站所用的时间短;体积小、重量轻、使用寿命长,单位体积输出的功率大,可以实现大功率供电。

迄今为止,燃料电池已发展有碱性燃料电池、磷酸型燃料电池、熔融碳酸盐型燃料电池(MCFC)、固体电解质型燃料电池(SOFC)、聚合物电解质型薄膜燃料电池(PEMFC)等多种。

燃料电池的用途也不仅仅限于发电,它同时可以作为一般家庭用电源、电动汽车的动力源、携带用电源等,在宇航工业、海洋开发和电气货车、通信电源、计算机电源等方面得到了实际应用,燃料电池推进船也正在开发研制之中。有些国家还准备将它用作战地发电机,并作为无声电动坦克和卫星上的电源。

(六)飞轮储能技术

飞轮储能装置由高速飞轮和同轴的电动/发电机构成,飞轮常采用轻质高强度纤维复合材料制造,并用磁力轴承悬浮在真空罐内。飞轮储能原理是:飞轮储能时是通过高速电动机带动飞轮旋转,将电能转换成动能;释放能量时,再通过飞轮带动发电机发电,转换为电能输出。这样一来,飞轮的转速与接受能量的设备转速无关。

近年来,飞轮储能系统得到快速发展,一是采用高强度碳素纤维和玻璃纤维飞轮转子,使得飞轮允许线速度可达 500～1000m/s,大大增加了单位质量的动能储量;二是电力电子技术的新进展,给飞轮电机与系统的能量交换提供了强大的支持;三是电磁悬浮、超导磁悬浮技术的发展,配合真空技术,极大地降低了机械摩擦与风力损耗,提高了效率。

飞轮储能的应用之一是电力调峰。电力调峰是电力系统必须充分考虑的重要问题。飞轮储能能量输入、输出快捷,可就近分散放置,不污染、不影响环境,因此,国际上很多研究机构都在研究采用飞轮实现电力调峰。

飞轮储能还可用于大型航天器、轨道机车、城市公交车与卡车、民用飞机、电动轿车等。作为不间断供电系统,储能飞轮在太阳能发电、风力发电、潮汐发电、地热发电以及电信系统不间断电源中等有良好的应用前景。目前,世界上转速最高的飞轮最高转速可达 200000r/min 以上,飞轮电池寿命为 15 年以上,效率约 90%,且充电迅速、无污染,是 21 世纪最有前途的绿色储能电源之一。

(七)脉冲功率技术

脉冲功率技术是研究高电压、大电流、高功率短脉冲的产生和应用的技术,已发展成为电气工程一个非常有前途的分支。脉冲功率技术的原理是先以较慢的速度将从低功率能源中获得的能量储藏在电容器或电感线圈中,然后将这些能量经高功率脉冲发生器转变成幅值极高但持续时间极短的脉冲电压及脉冲电流,形成极高功率脉冲,并传给负荷。

脉冲功率技术已应用到许多科技领域,如闪光 X 射线照相、核爆炸模拟器、等离子体的加热和约束、惯性约束聚变驱动器、高功率激光器、强脉冲 X 射线、核电磁脉冲、高功率微波、强脉冲中子源和电磁发射器等。脉冲功率技术与国防建设及各种尖端技术紧密相连,已成为当前国际上非常活跃的一门前沿科学技术。

(八)微机电系统

微机电系统是融合了硅微加工、光刻铸造成型和精密机械加工等多种微加工技术制作的,集微型机构、微型传感器、微型执行器以及信号处理和控制电路、接口电路、通信和电源于一体的微型机电系统或器件。微机电系统技术是随着半导体集成电路微细加工技术和超精密机械加工技术的发展而发展起来的。

微机电系统技术的目标是通过系统的微型化、集成化来探索具有新原理、新功能的器件和系统。它将电子系统和外部世界有机地联系起来,不仅可以感受运动、光、声、热、磁等自然界信号,并将这些信号转换成电子系统可以识别的电信号,而且还可以通过电子系统控制这些信号,进而发出指令,控制执行部件完成所需要的操作,以降低机电系统的成本,完成大尺寸机电系统所不能完成的任务,也可嵌入大尺寸系统中,把自动化、智能化和可靠性水平提高到一个新的水平。

微机电系统的加工技术主要有三种:第一种是以美国为代表的利用化学腐蚀或集成电路工艺技术对硅材料进行加工,形成硅基微机电系统器件;第二种是以日本为代表的利用传统机械加工手段,即利用大机器制造出小机器,再利用小机器制造出微机器的方法;第三种是以德国为代表的利用 X 射线光刻技术,通过电铸成型和铸塑形成深层微结构的方法。其中硅加工技术与传统的集成电路工艺兼容,可以实现微机械和微电子的系统集成,而且该方法适合于批量生产,已经成为目前微机电系统的主流技术。微机电系统的特点是微型化、集成化、批量化,机械电器性能优良。

1987 年,美国加州大学伯克利分校率先用微机电系统技术制造出微电机。20 世纪 90 年代,众多发达国家先后投巨资设立国家重大项目以促进微机电系统技术发展。1993 年,美国 ADI 公司采用该技术成功地将微型加速度计商品化,并大批量应用于汽车防撞气囊,标志着微机电系统技术商品化的开端。此后,微机电系统技术迅速发展,并研发了多种新型产品,例如,一次性血压计,3mm 长的能够开动的汽车,可以飞行的蝴蝶大小的飞机,细如发丝的微机电电机,微米级的微机电系统继电器等。

微机电系统技术在航空、航天、汽车、生物医学、电子、环境监控、军事,以及几乎人们接触到的所有领域都有着十分广阔的应用前景。

六、智能电网

所谓智能电网(Smart Grid),就是电网的智能化,它是建立在集成的、高速双向通信网络的基础上,通过先进的传感和测量技术、设备技术、控制方法以及先进的决策支持系统技术的应用,实现电网的可靠、安全、经济、高效、环境友好和使用安全的目标。智能电网也被称为"电网 2.0"。

(一)智能电网的发展

2001 年,美国电科院最早提出"IntelliGrid"(智能电网),2003 年,美国电科院将未来电网定义为智能电网。2003 年 6 月,美国能源部致力于电网现代化,发布"Grid2030"。2004 年,美国能源部启动电网智能化"GridWise"项目,定义了一个可互操作、互动通信的智能电网整体框架。之后,研究机构、信息服务商和设备制造商与电力企业合作,纷纷推出各种智能电网方案和实践。2005 年,"智能电网欧洲技术论坛"正式成立。2006 年 4 月,"智能电网欧洲技术论坛"的顾问委员会提出了"Smart-Grid"(智能电网)的愿景,制定了《战略性研究议程》《战略部署文件》等报告。2006 年,欧盟理事会发布能源绿皮书《欧洲可持续的、竞争的和安全的电能策略》,强调智能电网技术是保证欧盟电网电能质量的一个关键技术和发展方向,这时候的智能电网主要是指输配电过程中的自动化技术。2009 年 1 月 25 日,美国政府最新发布的《复苏计划进度报告》宣布:将铺设或更新 3000 千米输电线路,并为 4000 万美国家庭安装智能电表——

美国行将推动互动电网的整体革命。

早在1999年,我国清华大学提出"数字电力系统"的理念,揭开了数字电网研究工作的序幕。2005年,国家电网公司实施"SG186"工程,开始进行数字化电网和数字化变电站的框架研究和示范工程建设。2007年10月,华东电网正式启动了智能电网可行性研究项目,并规划了从2008年至2030年的"三步走"战略,即:在2010年初步建成电网高级调度中心,2020年全面建成具有初步智能特性的数字化电网,2030年真正建成具有自愈能力的智能电网。该项目的启动标志着中国开始进入智能电网领域。2009年2月2日,能源问题专家武建东在《全面推互动电网革命拉动经济创新转型》的文章中,明确提出中国电网亟须实施"互动电网"革命性改造。中国国家电网公司于2009年5月21日首次公布智能电网内容:以坚强网架为基础,以通信信息平台为支撑,以智能控制为手段,包含电力系统的发电、输电、变电、配电、用电和调度各个环节,覆盖所有电压等级,实现"电力流、信息流、业务流"的高度一体化融合,是坚强可靠、经济高效、清洁环保、透明开放、友好互动的现代电网。其核心内涵是实现电网的信息化、数字化、自动化和互动化,即"坚强的智能电网(Strong Smart Grid)"。

(二)智能电网的特征

智能电网包括八个方面的主要特征,这些特征从功能上描述了电网的特性,而不是最终应用的具体技术,它们形成了智能电网完整的景象。

1.自愈性

自愈性指的是电网把有问题的元件从系统中隔离出来,并且在很少或无需人为干预的情况下,使系统迅速恢复到正常运行状态,从而最小化或避免中断供电服务的能力。更具体地说,指的是电网具有实时、在线连续的安全评估和分析能力;具有强大的预警控制系统和预防控制能力;具有自动故障诊断、故障隔离和系统自我恢复的能力。从本质上讲,自愈性就是智能电网的"免疫能力",这是智能电网最重要的特征。自愈电网进行连续不断的在线自我评估以预测电网可能出现的问题,发现已经存在的或正在发展的问题,并立即采取措施加以控制或纠正。基于实时测量的概率风险评估将确定最有可能失败的设备、发电厂和线路;实时应急分析将确定电网整体的健康水平,触发可能导致电网故障发展的早期预警,确定是否需要立即进行检查或采取相应的措施;和本地及远程设备的通信将有助于分析故障、电压降低、电能质量差、过载和其他不希望的系统状态,基于这些分析,采取适当的控制行动。

2. 交互性

在智能电网中,用户将是电力系统不可分割的一部分。鼓励和促进用户参与电力系统的运行和管理是智能电网的另一重要特征。从智能电网的角度来看,用户的需求完全是另一种可管理的资源,它将有助于平衡供求关系,确保系统的可靠性;从用户的角度来看,电力消费是一种经济的选择,通过参与电网的运行和管理,修正其使用和购买电力的方式,从而获得实实在在的好处。在智能电网中,用户将根据其电力需求和电力系统满足其需求的能力的平衡来调整其消费。同时"需求响应(Demand Response,DR)"计划将满足用户在能源购买中有更多选择,减少或转移高峰电力需求的能力使电力公司尽量减少资本开支和营运开支,并降低线损和减少效率低下的调峰电厂的运营成本,同时产生大量的环境效益。在智能电网中,和用户建立的双向、实时的通信系统是实现鼓励和促进用户积极参与电力系统运行和管理的基础。例如实时通知用户其电力消费的成本、实时电价、电网的状况、计划停电信息以及其他服务的信息,同时用户也可以根据这些信息制定自己的电力使用的方案。

3. 安全性

无论是电网的物理系统还是计算机系统遭到外部攻击时,智能电网均能有效抵御由此造成的对电网本身的攻击以及对其他领域形成的伤害,更具有在被攻击后快速恢复的能力。

在电网规划中强调安全风险,加强网络安全等手段,有利于提高智能电网抵御风险的能力。智能电网能更好地识别并反映人为或自然的干扰。在电网发生小扰动和大扰动故障时,电网仍能保持对用户的供电能力,而不发生大面积的停电事故;在电网发生极端故障时,如自然灾害和极端气候条件或人为的外力破坏,仍能保证电网的安全运行;二次系统具有确保信息安全的能力和防计算机病毒破坏的能力。

4. 兼容性

兼容性是指智能电网将安全、无缝地容许各种不同类型的发电和储能系统接入系统,简化联网的过程,类似于"即插即用",这一特征对电网提出了严峻的挑战。改进的互联标准将使各种各样的发电和储能系统容易接入。从小到大各种不同容量的发电和储能系统在所有的电压等级上都可以互联,包括分布式电源如光伏发电、风电,先进的电池系统,即插式混合动力汽车,燃料电池和微电网。商业用户安装自己的发电设备(包括高效热电联产装置)和电力储能设施将更加容易和更加有利可图。在智能电网中,大型集中式发电厂包括环境友好型电源,如风电和大型太阳能电厂、先进的核电厂,将继续发挥重要的作用。

5. 协调性

协调性是指与批发电力市场甚至是零售电力市场实现无缝衔接。在智能电网中,先进的设备和广泛的通信系统在每个时间段内支持市场的运作,并为市场参与者提供充分的数据,因此电力市场的基础设施及其技术支持系统是电力市场协调发展的关键因素。智能电网通过市场上供给和需求的互动,可以最有效地管理如能源、容量、容量变化率、潮流阻塞等参量,降低潮流阻塞,扩大市场,汇集更多的买家和卖家。用户通过实时报价来感受价格的增长从而降低电力需求,推动成本更低的解决方案,并促进新技术的开发。新型洁净的能源产品也将给市场提供更多选择的机会,并能提升电网管理能力,促进电力市场竞争效率的提高。

6. 高效性

高效性是指智能电网优化调整其电网资产的管理和运行,以实现用最低的成本提供所期望的功能。这并不意味着资产将被连续不断地用到其极限,而是应用最新技术以优化电网资产的利用率,每个资产将和所有其他资产进行很好的整合,以最大限度地发挥其功能,减少电网堵塞和瓶颈,同时降低投资成本和运行维护成本。例如,通过动态评估技术助力资产发挥其最佳的能力;连续不断地监测和评价其能力,使资产能够在更大的负荷下使用。通过对系统控制装置的调整,选择最小成本的能源输送系统,提高运行的效率,达到最佳的容量、最佳的状态和最佳的运行。

7. 经济性

未来分时计费、削峰填谷、合理利用电力资源成为电力系统经济运行的重要一环。通过计费差,调节波峰、波谷用电量,使用电尽量平稳。对于用电大户来说,这一举措将更具经济效益。有效的电能管理包括三个主要的步骤,即监视、分析和控制。监视就是查看电能的供给、消耗和使用的效率;分析就是决定如何提高性能并实施相应的控制方案;控制就是依据前两个步骤的信息做出正确的峰谷调整。最大化能源管理的关键在于将电力监视和控制器件、通信网络和可视化技术集成在统一的系统内,支持火电、水电、核电、风电、太阳能发电等联合经济运行,实现资源的合理配置,降低电网损耗和提高能源利用效率,支持电力市场和电力交易系统,为用户提供清洁和优质的电能。

8. 集成性

集成性是指实现电网信息的高度集成和共享,实现包括监视、控制、维护、能量管理、配电管理、市场运营等和其他各类信息系统之间的综合集成,并实现在此基础上的业务集成;采用统一的平台和模型;实现标准化、规范化和精细化的管理。

(三)智能电网的关键技术

1. 通信技术

通信技术指能实现即插即用的开放式架构,全面集成的高速双向通信技术。它主要是通过终端传感器使用户之间、用户和电网公司之间形成即时连接的网络互动,从而实现数据读取的实时、高速、双向的效果,整体性地提高电网的综合效率。高速、双向、实时、集成的通信系统使智能电网成为一个动态的、实时信息和电力交换互动的大型的基础设施。当这样的通信系统建成后,它可以提高电网的供电可靠性和资产的利用率,繁荣电力市场,抵御电网受到的攻击,从而提高电网价值。

2.量测技术

参数量测技术是智能电网基本的组成部件,通过先进的参数量测技术获得数据并将其转换成数据信息,以供智能电网的各个方面使用。它们评估电网设备的健康状况和电网的完整性,进行表计的读取,消除电费估计以及防止窃电,缓减电网阻塞以及与用户的沟通。

未来的智能电网将取消所有的电磁表计及其读取系统,取而代之的是各种先进的传感器、双向通信的智能固态表计,用于监视设备状态与电网状态、支持继电保护、计量电能。基于微处理器的智能表计将有更多的功能,除了可以计量每天不同时段电力的使用和电费外,还能储存电力公司下达的高峰电力价格信号及电费费率,并通知用户实施什么样的费率政策。更高级的功能还有,用户自行根据费率政策编制时间表,自动控制用户内部电力使用的策略。对于电力公司来说,参数量测技术能够给电力系统运行人员和规划人员提供更多的数据支持,包括功率因数、电能质量、相位关系、设备健康状况和能力、表计的损坏、故障定位、变压器和线路负荷、关键元件的温度、停电确认、电能消费和预测等数据。

3.设备技术

智能电网广泛应用先进的设备技术,极大地提高输配电系统的性能。未来的智能电网中的设备将充分应用最新的材料,以及超导、储能、电力电子和微电子技术方面的研究成果,从而提高功率密度、供电可靠性和电能质量以及电力生产的效率。

未来智能电网将主要应用三个方面的先进技术:电力电子技术、超导技术和大容量储能技术。智能电网通过采用新技术和在电网和负荷特性之间寻求最佳的平衡点来提高电能质量;通过应用和改造各种各样的先进设备,如基于电力电子技术和新型导体技术的设备,来提高电网输送容量和可靠性,这是解决电网网损的绝佳办法。

4.控制技术

先进的控制技术是指智能电网中分析、诊断和预测状态,并确定和采取适当的措施以消除、减轻和防止供电中断和电能质量扰动的装置和算法。这些技术将提供对输电、配电和用户侧的控制方法,并且可以管理整个电网的有功和无功。从某种程度上说,先进控制技术紧密依靠并服务于其他几个关键技术领域。未来先进控制技术的分析和诊断功能将引进预设的专家系统,在专家系统允许的范围内,采取自动的控制行动。这样所执行的行动将在秒级水平上,这一自愈电网的特性将极大地提高电网的可靠性。

(1)收集数据和监测电网元件。先进控制技术将使用智能传感器、智能电子设备以及其他分析工具测量的系统和用户参数以及电网元件的状态情况,对整个系统的状态进行评估,这些数据都是准实时数据,对掌握电网整体的运行状况具有重要的意义,同时还要利用向量测量单元以及全球卫星定位系统的时间信号,来实现电网早期的预警。

(2)分析数据。准实时数据以及强大的计算机处理能力为软件分析工具提供了快速扩展和进步的能力。状态估计和应急分析将在秒级而不是分钟级水平上完成分析,这给先进控制技术和系统运行人员预留足够的时间来响应紧急问题;专家系统将数据转化成信息用于快速决策;负荷预测将应用这些准实时数据以及改进的天气预报技术来准确预测负荷;概率风险分析将成为例行工作,确定电网在设备检修期间、系统压力较大期间以及不希望的供电中断时的风险的水平;电网建模和仿真使运行人员认识准确的电网可能的场景。

(3)诊断和解决问题。由高速计算机处理的准实时数据可使专家诊断系统来确定现有的、正在发展的和潜在的问题的解决方案,并提交给系统运行人员进行判断。

(4)执行自动控制的行动。智能电网通过实时通信系统和高级分析技术的结合,使得执行问题检测和响应的自动控制行动成为可能,它还可以降低已经存在问题的扩展,防止紧急问题的发生,修改系统设置、状态和潮流,以防止预测问题的发生。

(5)为运行人员提供信息和选择。先进控制技术不仅给控制装置提供动作信号,而且也为运行人员提供信息。控制系统收集的大量数据不仅对自身有用,而且对系统运行人员也有很大的应用价值,而且这些数据可辅助运行人员进行决策。

5.决策支持技术

决策支持技术将复杂的电力系统数据转化为系统运行人员一目了然的可理解的信息,因此动画技术、动态着色技术、虚拟现实技术以及其他数据展示技术可用来帮助系统运行人员认识、分析和处理紧急问题。

在许多情况下,系统运行人员作出决策的时间从小时缩短到分钟,甚至到秒,这样智能电网需要一个广阔的、无缝的、实时的应用系统和工具,以使电网运行人员和管理者能够快速地做出决策。

(1)可视化——决策支持技术利用大量的数据并将其处理成格式化的、时间段和按技术分类的最关键的数据给电网运行人员,可视化技术将这些数据展示为运行人员可以迅速掌握的可视的格式,以便运行人员分析和决策。

(2)决策支持——决策支持技术确定了现有的、正在发展的以及预测的问题,提供决策支持的分析,并展示系统运行人员需要的各种情况、多种选择以及每一种选择成功和失败的可能性等信息。

(3)调度员培训——利用决策支持技术工具以及行业内认证的软件的动态仿真器,将显著地提高系统调度员的技能和水平。

(4)用户决策——需求响应系统以很容易理解的方式为用户提供信息,使他们能够决定如何以及何时购买、储存或生产电力。

(5)提高运行效率——当决策支持技术与现有的资产管理过程集成后,管理者和用户就能够提高电网运行、维修和规划的效率和有效性。

智能电网被认为是承载第三次工业革命的基础平台,对第三次工业革命具有全局性的推动作用。同时,智能电网与物联网、互联网等深度融合后,将构成智能化的社会公共平台,可以支撑智能家庭、智能楼宇、智能小区、智慧城市建设,推动生产、生活智慧化。

第七章　供配电系统

第一节　建筑供配电系统概述

一、电力系统

电力系统是把各发电厂、变电所和用户连接起来组成的,集发电、输电、变电和配电等功能的一个整体。其主要目的是把发电厂的电力供给用户使用。因此,电力系统又常称为输配电系统或供电系统。

通常,发电厂生产的电能可以直接分配给用户或由降压变电所分配给用户的,其中 10kV 及以下的电力线路称为配电线路;35kV 以上的高压电力线路称为送电线路。电源将高压为 6～10kV 或 380/220V 的电能送入建筑物中称供电;送入建筑物的电能经配电装置分配给各个用电设备称配电;电源与用电设备一起组成了供配电系统。

在民用建筑的室外配电线路中,有架空线路和电缆线路两种。

(一)架空线路

在民用建筑的室外配电线路中,架空线路是经常采用的一种配电线路。架空线路主要由导线、电杆、横担、绝缘子和线路金具等组成。架空线路具有投资少、材料丰富、安装维护方便、便于发现和排除故障等特点。不足之处是占地面积大,影响环境的整齐和美化,易于遭雷击、机械碰伤等。

(二)电缆线路

电缆线路有电力电缆和控制电缆两种线路。10kV 及以下的电缆线路比较常见,在城市中应用较多。电缆线路通常埋在地下,不易遭到外界的破坏和受环境影响,故障少,安全可靠,但工程比较复杂,造价高,检修起来也比较麻烦。因此,对大型民用建筑、重要的用电负荷、繁华的建筑群或者风景区的室外供电,可采用电缆线路。

电缆线路的敷设方式有:电缆直接埋地敷设、电缆在沟内敷设和电缆穿管敷设。

电缆直接埋地敷设是应用最多的一种敷设方式,具有施工简单、投资少、电缆散热条件好等优点。因此,对电缆无侵蚀作用的地区,且同一路径的电缆根数不超过 6 根时,多采用电缆直接埋地敷设。直接埋地的电缆要放成一排,电缆应埋入软土层中,埋入深度不小于 0.1m。

电缆在沟内敷设方式适用于距离较短而电缆根数较多的情况,如变电所内或厂区内。由于电缆在沟内为明敷,敷设、检修、更换都比较方便,所以应用得比较广泛。

电缆穿管敷设主要用于室内。电缆穿管敷设的方法及要求与电线穿管敷设几乎完全相同,只是电缆具有较厚的保护层。

二、额定电压等级

电力网的额定电压等级有:220V、380V、3kV、6kV、10kV、35kV、110kV 和 220kV 等。习惯上把 1kV 及以上的电压称为高压,1kV 以下的电压称为低压。但要注意,所谓低压是相对高压而言,决不表明它对人身没有危险。

我国电力系统中,220kV 以上电压都用于大电力系统的主干线,输送距离为几百千米;110kV 左右电压用于中、小电力系统的主干线,输送距离在 100km 左右;35kV 左右电压则用于电力系统二次配网或大型工厂的内部供电,输送距离在 30km 左右;6~10kV 电压用于送电距离为10km 左右的城镇、工业与民用建筑施工供电。电动机、电热等用电设备,一般采用三相电压 380V 和单向电压 220V 供电,照明用电一般采用380/220V 三相四线制供电。

三、用电负荷种类

用电负荷是指用电设备所消耗的功率。在电力系统中,根据用电设备在生产和社会生活中的重要性不同,以及供电中断对人身和设备安全的影响,将用电负荷分为三个等级。

1. 一级负荷:是指那些中断供电后将造成人身伤亡,或造成重大设备损坏,或破坏复杂的工艺过程,使生产长期不能恢复,或破坏主要交通枢纽、重要通信设施、重要宾馆以及用于国际生活的公共场所的正常秩序,造成政治上和经济上重大损失的电能用户。对于一级负荷,要采用两个独立的电源供电,一备一用,保证一级负荷供电的连续性。

2. 二级负荷:是指那些中断供电后将造成国民经济较大损失,损坏生产设备,产品大量减产,生产需较长时间才能恢复,以及影响交通枢纽、通信设施等正常工作,造成大中城市、主要公共场所的秩序混乱的电能用户。对于二级负荷,要求采用双回路供电,即有两条线路,一备一用。在条件不允许采用双回路时,则允许采用 6kV 以上的专用架空线路供电。

3. 三级负荷:凡不属于一级和二级负荷的一般电力负荷均为三级负荷。三级负荷无特殊要求,一般为单回路供电,但在可能的情况下,也应尽量提高供电的可靠性。大多数民用建筑都属于三级负荷。

四、三相四线制

目前,电力系统都采用三相交流电,即采用三相三线制输电、三相四线制配电。

三相交流与单相交流相比具有以下优点。

1. 在输送的功率、电压相同和距离、线路损失相等的情况下,采用三相制输电可大大节省输电线的用铜(或铝)量。

2. 现在生产上广泛使用的三相异步电动机是以三相交流为电源的,它与单相电动机相比,具有体积小、价格低、效率高、性能好等优点。

3. 三相交流发电机与单相交流发电机相比,在体积相同时,三相交流发电机具有输出功率大、效率高等优点。

低压系统多数采用的三相四线制供电方式。三相四线制是把发电机的三个线圈的末端连接在一起,成为一个公共端点(称中性点),用符号"N"表示。由中性点引出的输电线称为中性线,中性线通常与大地相连,把接地的中性点称为零点,把接地的中性线叫零线。从三个线圈的始端引出的输电线叫作相线,称为火线。

三相四线制可输送两种电压:一种是相线与相线之间的电压,另一种是相线与中性间的电压。

使用交流电的负荷种类很多,属于单向负载的有白炽灯、日光灯、小功率电热器以及单相感应电动机等。此类单向负载是连接在三相电源的任意一根相线和零线上工作的。三相负载可以由单相负载组成,也可以由单个三相负载构成。把各项负载相同的负载叫做对称负载,如三相电动机。如果各项负载不同,则称为不对称负载。此外,三相负载与电源可以采用星形连接相接、三角形连接相接两种形式。

五、电动机

电动机是把电能转换成机械能的动力设备。一般电动机按所用电流的性质不同,可分为直流电动机和交流电动机两大类。交流电动机按使用电源的相数可分为单相电动机和三相电动机两种,而三相电动机又可分为同步式和异步式两种。异步式电动机按转子结构不同可分为鼠笼型和绕线型两种。异步电动机具有构造简单、价格便宜、工作可靠、坚固耐用、使用维护方便和应用广泛等优点。

(一)电动机组成

三相异步电动机主要由固定不动的定子和能够转动的转子组成。

1.定子

电动机的定子包括机座、铁心和定子绕组。机座通常用铸铁或铸钢制成;铁心用硅钢片叠成圆筒形,铁心的内圆上有若干分布均匀的平行槽,槽内安装定子绕组;定子绕组是电动机的电路部分,三相电动机的定子绕组由三相对称的绕组组成。

　　根据要求可以将三相定子绕组接成星形或三角形。电动机如果接成星形,则电机每相绕组承受电压是电源的相电压;如果接成三角形,则电机每相绕组承受电压是电源的线电压。根据电机的额定电压值,来确定电动机具体是星形连接还是三角形连接。例如,电动机额定电压是220V,则采用星形连接;额定电压是380V,则采用三角形连接。

2. 转子

　　异步电动机的转子由转子铁心、转子绕组和转轴等部分组成。转子铁心也由硅钢叠成,并固定在转轴上。转子的外圆周上也有若干分布均匀的平行槽,用于安置转子绕组。转子绕组根据其结构可分为鼠笼式和绕线式两种。

(二)工作原理

　　三相异步电动机定子绕组中通入三相交流电后就会在定子内产生一个旋转磁场,旋转磁场的磁力线切割转子导体,使其产生感应电流,电流方向可由右手定则判定。转子导体中的感应电流在磁场中受到电磁力的作用而产生运动,运动方向由左手定则判定。因而,在旋转磁场的作用下,转子将随着旋转磁场的方向旋转。

(三)三相异步电动机的调速

　　电动机的转速公式:转速(r/min)＝60×电源频率(Hz)×(1－差转率)/磁极对数。由此可见,只要改变电源频率、差转率和磁极对数,均可使电动机转速发生变化。

六、电力变压器

　　电力变压器是改变交流电压而保持交流电频率不变的电气设备。从发电厂到用户通常需要用很长输电线路的导线,为了降低电能在输电线路上的损失,可以通过提高输电电压减小输电电流来实现。输电时,要用变压器将电压升高,电能输送到用电区后,为了保证安全用电和用电设备的电压要求,必须用电力变压器将电压降低。电力变压器的种类很多,常用的传统变压器是油浸式电力变压器,新型的变压器有环氧树脂干式变压器和β液变压器等。

(一)油浸式电力变压器

油浸式电力变压器主要由铁芯和套在铁芯上的绕组组成的。为了改善散热条件,大、中容量的变压器的铁芯和绕组浸入盛满变压器油的封闭油箱(即油浸式变压器的外壳)中,各绕组对外线路的连接则经绝缘套管引出。为了使变压器安全、可靠地运行,还设有储油柜、安全气道和气体继电器等附件。

1.储油柜

储油柜又称油枕,是装在油箱上的一个圆筒,用管道与变压器的油箱接通。变压器油充满到储油柜的一半,可以隔绝油箱内部和外界空气,避免潮气入侵。储油柜上部的空气通过存放变色硅胶等干燥剂的呼吸器和外界相通。在储油柜底设有沉积器,用于沉积侵入储油柜中的水分和其他杂质。储油柜的油面高低,可以通过玻璃油位计进行观察。

2.安全气道

安全气道又称防爆管,是装在油箱顶盖上的一个长钢筒,上端装有厚玻璃板或酚醛纸板(防爆膜)。当变压器内部因故障而产生大量气体时,变压器油和气体将冲破防爆膜释放出来,从而避免油箱爆裂。

3.气体继电器

气体继电器,俗称瓦斯继电器。在油浸式变压器的油箱发生短路时,用于绝缘的变压器油和其他绝缘材料将因受热而分解出气体,利用气体继电器可及时发现这种内部故障。

(二)环氧树脂干式变压器

环氧树脂干式变压器的高低压绕组各自用环氧树脂浇注,并同轴套在铁芯柱上。高低压绕组间有冷却气道,使绕组散热。三相绕组的连线也由环氧树脂浇注而成,其所有带电部分都不暴露在外面。这种变压器具有防火、防潮、防尘、低损耗、低噪声和占地面积小等优点,价格比同容量的油浸式电力变压器高,但其绝缘性能更好,使用维护简便,能深入负荷中心,可供交流 50Hz 或 60Hz 的变配电系统配电用,特别适用于高层建筑物、大型商场、旅馆、影剧院、医院、生活小区、车站、码头及厂矿企业等户内使用。

(三)β 液变压器

β 液变压器将空气作为冷却介质,将固体树脂作为绝缘介质,可在空气相对湿度 100% 环境下安全工作,特别适合在负荷中心、人流密集和安全性能高的场所使用。

β 液变压器在使用过程中不需要维护,因为它是全密封变压器。一方面,液体和空气不接触;另一方面,β 液所能达到的温度远远低于其许可温度,所以基本上不老化,变压器在使用寿命期内无需化验。加上耐高温绝缘系统的使用,使得 β 液变压器更可靠,基本上不用维护。

第二节　各类型工业、民用供电系统

一、小型民用建筑设施的供电系统

小型民用建筑设施的供电系统只需要设立一个简单的降压变电所,把电源进线电压为 6~10kV 经过降压变压器变为低压 380/220V。对于 100kW 以下的用电负荷,一般不必单独设变压器,通常采用 380/220V 低压供电即可,只需设立一个低压配电室。

二、中型民用建筑设施的供电系统

中型民用建筑设施的供电系统电源进线为 6~10kV,经过高压配电所、高压配电线,将电能分别送到各建筑物变电所,通过变电所降低使电压降为 380/220V 低压,供给用电设备。

三、大型民用建筑设施的供电系统

大型民用建筑设施的供电系统电源进线一般为 35kV,需要经过两次降压,第一次先将 35kV 的电压降为 6～10kV,然后用高压配电线送到各建筑物变电所;第二次再把电压降为 380/220V。

四、高层建筑的供电系统

因为高层建筑存在一级或二级负荷,为了保证供电可靠,所以现代高层建筑均采用至少两路独立的 10kV 电源同时供电,具体数量应视负荷大小及当地电网条件而定。两路独立电源运行方式,原则上是两路同时供电,互为备用。另外,还须装设应急备用柴油发电机组,要求在 15s 内自动恢复供电,保证事故照明、电脑设备、消防设备和电梯等设备的事故用电。

这种方案是将消防用电等一级负荷单独分出,并集中一段母线供电,备用发电机组对此段母线提供备用电源。方案的特点为:两个电源的双重切换,正常情况下,消防设备等用电设备为两路市电同时供电,末端自切;应急母线的电源由其中一路市电供给;当两路市电中失去一路时,可以通过两路市电中间的联络开关合闸,恢复大部分设备的供电;当两路市电全部失去时,自动启动发电机组,ATS 开关(Automatic Transfer Switch,电源自动切换开关)转换,应急母线由机组供电,保证消防设备等重要负荷的供电。

第三节　变(配)电所

变(配)电所是物业供配电系统的枢纽,它担负着接收电能、变换电压、分配电能的任务。

一、变电所形式

根据设置的地点不同,变电所可分为以下几种类型。

(一)用户变电所

用户变电所中的变压器安装于户外露天的地面上,不需要建造房屋,所以通风良好,造价低。

(二)附设变电所

附设变电所即变电所的一面墙壁或几面墙壁与建筑物的墙壁共用。此种变电所虽比户外变电所造价高,但供电可靠性好。

(三)独立变电所

独立变电所设置在离建筑物有一定距离的单独建筑物内。此种变电所造价较高,适用于对几个用户供电,不便于设置在某一个用户附近。

(四)变电台

变电台是将容量较小的变压器安装在户外电杆上或台墩上。

二、配电所形式

配电所一般可分为以下几种类型。

1.附设配电所:附设配电所把配电所附设于某建筑物内,其造价经济,应用广泛;

2.独立配电所:独立配电所不受其他建筑的影响,布置方便,便于进出线,但造价较高;

3.配(变)电所:配(变)电所即带变电所的配电所,可也分为附设式和独立式。

三、变(配)电所的主要电气设备

在 6~10kV 的民用建筑供电系统中,常用的高压电气设备有:高压熔断器、高压隔离开关、高压负荷开关、高压断路器、高压开关柜和避雷器等;常用的低压电气设备有:低压闸刀开关、低压负荷开关、低压自动开关、低压熔断器和低压配电屏等。下面介绍几种常见的高压电气设备。

(一)高压熔断器

高压熔断器是一种当通过的电流超过规定值时使熔体熔化而切断电路的保护装置。在 6~10kV 的配电系统中,户内广泛使用 RN1、RN2 型高压管式熔断器,户外则广泛采用 RW4 型高压跌落式熔断器。

1.RN1、RN2 型户内高压管式熔断器

这两种熔断器结构基本相同,都是瓷质熔管内充填石英砂填料的密封式熔断器,由底座、支持架、绝缘子和熔管等构成。但 RN1 型高压管式熔断器有指示熔体,主要用于高压电力线路的短路保护,尺寸较大;而 RN2 型高压管式型熔断器只用于高压电压互感器的短路保护,其熔体额定电流一般只有 0.5A,尺寸较小。

2.RW4 型户外高压跌落式熔断器

RW4 型户外高压跌落式熔断器,由绝缘子和熔管两大部分组成,既可对 6～10kV 线路和变压器起短路保护作用,也可以当作负荷开关或隔离开关使用,但因为没有灭弧装置,所以不允许带负荷操作。当电流过大,熔丝熔断后,熔管的上动触头因失去张力而下翻,在触头弹力及熔管自重作用下,熔管回转跌落,使线路断开。RW4 型户外高压跌落式熔断器一般装于变电站(房)的进线端,当变电站(房)检修或停电时,需对它进行人工切断、合闸操作。操作时,使用绝缘钩棒,俗称令克棒。

在日常巡检中,每班都应观察接触头与熔断管金属接触情况。若有接触不良的现象,应立即停电维修。检修电器设备时,要擦拭熔断管触头的灰尘,再安装好。

(二)高压隔离开关

1.外形结构及作用

高压隔离开关在所有用电设备停止使用时,用于隔离高压电源,保证检修安全。

高压隔离开关主要由固定在绝缘子上的静触座和可分合的闸刀两部分组成。高压室的高压隔离开关通常采用 CS6 型手动操作机构进行操作。

2.操作与检查

由于隔离开关没有专门的灭弧装置,所以不能带负荷操作。在手动拉开隔离开关时,必须先关闭所有的用电设备。动作在操作开始时应慢,观察触头是否有电弧产生,若有电弧产生,说明仍有用电负荷,应立即合上;若无电弧或电弧很小(切断小容量变压器的空载电流、少量负荷电流

等会产生小的电弧），则迅速拉开，使电弧消失。

(三)高压负荷开关

高压负荷开关具有简单的灭弧装置，可接通/切断一定的负荷电流和过负荷电流。当负荷开关分闸时，在闸刀一端的弧动触头与弧静触头之间产生电弧，此时，操作机构带动活塞向上运动，压缩气缸内的空气从喷嘴向外吹弧，加上电弧燃烧绝缘喷嘴分解产生的气体吹弧等作用，使电弧迅速熄灭。但这种装置的灭弧能力有限，只能接通/切断一定的负荷电流和过负荷电流，不能进行短路保护，只能配以热脱扣器，在过负荷时自动跳闸。

高压负荷开关一般配用 CS2 或 CS3 手动操作装置。这种机构的跳闸指示牌在开关自动跳闸时转动到水平位置，重新合闸时，需先将手柄扳到分闸位里，指示牌掉下后才能合闸。

高压负荷开关的操作较为频繁，应注意紧固件在多次操作后的松动情况。当操作次数达到规定的限度时，必须进行检修。触头因电弧影响损坏时，要进行检修或予以更换。对于油浸式负荷开关要经常检查油面，缺油时及时注油，以防操作时引起爆炸；另外，油浸式负荷开关的外壳应可靠地接地。

(四)高压断路器

高压断路器具有完善的灭弧装置，不仅能够接通/切断正常负荷电流，而且能够接通/切断一定的短路电流。按其采用的灭弧介质不同，高压断路器可分为油断路器、六氟化硫断路器和真空断路器等，实际应用以油断路器居多。油断路器按油量多少又可分为多油和少油两种。多油断路器中的油既可当作灭弧介质，又起绝缘作用。少油断路器中的油主要在触头间起绝缘和灭弧作用。在成套设备中，少油断路器应用最为广泛。油断路器最常见的问题是油箱渗漏油，原因多为油封不严。油封即密封垫圈，当其老化、产生裂纹或损坏时，应予以更换，一般采用耐油橡皮。当油箱有沙眼时，应进行补焊。除此之外，每年应对灭弧室和触头的电弧烧伤部位进行一次清洁和修复工作。

(五)高压开关柜

高压开关柜是按照一定的线路方案，将有关的设备组装为一体的配电装置。它用于在供配电系统中的受电或配电的控制、保护和监察测量。物业供配电中最常用的高压开关柜电压为 10kV，分为固定式和手车式两大类。

固定式高压开关柜中所有的电气元件都是固定安装的，简单、经济，但发生故障后，检修会导致较长时间的停电。

手车式高压开关柜是将成套高压配电装置中的某些主要电气设备（如高压断路器、隔离插头、电压互感器及避雷器等）安装在可移开的手车上。当这些设备需要检修或发生故障时，可马上拉出，把相同的备用小车推入，可立即恢复供电，因而又被称为移开式开关柜。

第四节　低压供配电监控系统

一、低压供配电监控系统组成

低压供配电监控系统由电流变送器、电压变压器、功率因数变送器、有功功率变送器等各种现场设备及直接数字控制器组成。

数字控制控制器通过温度传感器、电压变压器、电流变送器、功率因数变送器自动检测变压器线圈温度、电压、电流和功率因素等参数，并将各参数转换成电量值，经由数字量输入通道送入计算机，显示相应的电压、电流数值和故障位置，从而检测电压、电流、累计用电量等。

二、低压供配电系统的监控功能

(一)检测运行参数

主要是对电气运行参数的检测，包括高、低压进线电压，电流，有功功率，无功功率和功率因数等参数的检测；变压器温度检测；直流输出电压、电流等参数的检测；发电机各参数的检测；为正常运行时的计量管理、事故发生时的故障原因分析提供数据。

(二)电气设备运行状态监控

包括高低、压进线断路器和母线联络断路器等各种类型开关当前分、合状态,是否正常运行;变压器断路器状态监测和故障报警;直流操作柜断路状态监测与报警;发电机运行状态与故障报警;提供电气主接线图开关状态;火灾时切断相关区域的非消防电源。

(三)用电设备电费计算与管理

对建筑物内所有用电设备的用电量进行统计,电费计算与管理包括空调、电梯、给排水、消防喷淋等动力用电和照明用电;绘制用电负荷曲线,如日负荷、年负荷曲线;自动抄表、输出用户电费单据等。

第八章 照明系统

第一节 照明基础知识

一、基本概念

(一)光通量

根据辐射对标准光度观察者的作用导出的光度量,用符号 Φ 表示,单位为 lm(流明)。

(二)发光强度

发光体在给定方向上的发光强度是该发光体在该方向的立体角元 $d\Omega$ 内传输的光通量 $d\Phi$ 除以该立体角元之商,即

$$I = \frac{d\Phi}{d\Omega}$$

该量的符号为 I,单位为坎德拉(cd),$1cd = 1lm/1sr$。

发光强度是表征光源(物体)发光强弱程度的物理量。

(三)照度

表面上一点的照度是入射到包含该点的面元上的光通量 $d\Phi$ 除以该面元面积 dA 之商,即

$$E = \frac{d\Phi}{dA}$$

该量的符号为 E,单位为勒克斯(lx),$1lx = 1lm/1m^2$。

自然光的照度值如表 8-1 所示。

表 8－1　自然光的照度值

自然光照射下的平面	照度(1x)	自然光照射下的平面	照度(1x)
无月之夜的地面上	0.002	晴天太阳散射光(非直射)下的地面上	1000
月夜里的地面上	0.2	白天采光良好的室内	100－500
中午太阳光下的地面上	100000		

(四)亮度

光源在给定方向单位投影面积上的发光强度,称为光源在该方向上的亮度,即

$$L = \frac{d\Phi}{dA\cos\theta d\Omega}$$

θ为光束截面法线与光束方向间的夹角。

该量的符号为L,单位为坎德拉每平方米(cd/m^2),也叫尼特。

(五)色温

当某一种光源(热辐射光源)的色品与某一温度下的完全辐射体(黑体)的色品完全相同时,完全辐射体(黑体)的温度,称为色温。

表 8－2　部分光源的色温

光源	色温(K)	光源	色温(K)
太阳光(大气外)	6500	钨丝白炽灯(1000W)	2920
太阳(在地表面)	4000～5000	荧光灯(日光色)	6500
蓝色天空	18000～22000	荧光灯(白色)	4500
月亮	4125	荧光灯(暖白色)	3500
蜡烛	1925	荧光高压汞灯	5500
钨丝白炽灯(100W)	2740	高光效金属卤化物灯	4300
高压钠灯	2100	铊钠灯	3800～4200
显色改进型高压钠灯	2300	卤钨灯	3000～3200
白炽灯	2700～2900	低压卤钨灯	3000～3200

(六)显色性

显色性是指照明光源对物体色表的影响,该影响是由于观察者有意识或无意识地将它与参比光源下的色表相比较而产生的。

(七)显色指数

在具有合理允差的色适应状态下,被测光源照明物体的心理物理色

与参比光源照明同一色样的心理物理色符合程度的度量。显色指数分为特殊显色指数和一般显色指数。照明光源评价采用一般显色指数,用 Ra 表示。颜色失真越少,显色指数越高,光源的显色性越好。常用光源显色指数及使用场所如表8−3所示。

表8−3 常用光源显色指数及使用场所选择

光源种类	一般显色指数 Ra	适用场所举例
日光色荧光灯	70~80	住宅,旅馆,商店,办公室,学校,医院,印刷车间,实验室,计算站,纺织车间,控制室,设计室,绘图室,装配车间,电镀车间
紧凑型荧光灯	85 以上	饭店,旅馆,住宅,走廊,通道,厅堂
白炽灯	95~99	客房,卧室,画廊,装饰照明,颜色检验,颜色匹配,局部照明
显色改进型高压钠灯	60~65	工业生产车间,厅堂
高光效金属卤素灯,钪钠灯	60 以上	大型体育场馆,生产车间,庭院,夜景
高压钠灯	23~25	仓库,道路,隧道,港口,码头,广场,庭院,夜景
低压卤钨灯	100	商店,橱窗,博物馆,住宅,厅堂装饰、宾馆走廊、电梯照明
卤钨灯	97	适用于高照度舞台照明,体育馆应急照明
镝灯	75	多用于体育馆照明,以利电视转播

(八)光效

光源发出的光通量除以光源功率所得之商,称为光源的发光效能,简称光效,单位为流明每瓦特(lm/W)。各类光源光效值如表8−4所示。

表8−4 各类光源发光效率值

光源种类	发光效率(lm/W)	光源种类	发光效率(lm/W)
高压钠灯	72~107	荧光灯	27~57.5
显色改进型高压钠灯	77~84	荧光高压汞灯	31.5~52.5
高光效金属卤素灯及钪钠灯	64~80	卤钨灯	21
镝灯	52~80	白炽灯	6.5~19
紧凑型荧光灯	47~77		

注:表中低值为小功率灯,高值为同类大功率灯。

(九)统一眩光值

统一眩光值是度量处于视觉环境中的照明装置发出的光对人眼引起不舒适感主观反应的心理参量。

二、照明质量

照明质量受诸多因素影响,包括照度、照度均匀度、眩光值、光源颜色和房间反射比等指标。

(一)照度

规定表面上的最低平均照度称为维持平均照度,低于此照度值,照明装置就必须进行维护。工程设计中采用的照度值就是作业面或参考平面上的维持平均照度值。在民用建筑照明设计中,应根据建筑性质、建筑规模、等级标准、功能要求和使用条件等选取照度标准值。

(二)照度均匀度

用规定表面上的最小照度与平均照度之比来表示照度均匀度。

公共建筑的工作房间和工业建筑作业区域内的一般照明照度均匀度,不应小于0.7,而作业面邻近周围的照度均匀度不应小于0.5。房间或场所内的通道和其他非作业区域的一般照明的照度值不宜低于作业区域一般照明照度值的1/3。

(三)眩光值

公共建筑和工业建筑常用房间或场所的不舒适眩光采用统一眩光值评价,通过防止或减少光幕反射和反射眩光、加大灯具遮光角、限制灯具的平均亮度等实现。

(四)光源颜色

照明光源色表可按其色温或相关色温分为三组,光源色表分组如表8−5所示。

表8-5 光源的色表分组

色表分组	色表特征	色温或相关色温（K）	适用场所举例
Ⅰ	暖	小于3300	客房、卧室、病房、酒吧、餐厅
Ⅱ	中间	3300～5300	办公室、教室、阅读室、诊室、检验室、机加工车间、仪表装配
Ⅲ	冷	大于5300	热加工车间、高照度场所

三、照明方式与种类

(一)照明方式

照明方式可分为一般照明、分区一般照明、局部照明和混合照明。

1.一般照明

为照亮整个场所而设置的均匀照明称作一般照明。

2.分区一般照明

对某一特定区域,设计成不同的照度来照亮该区域的一般照明称作分区一般照明。当仅需要提高房间内某些特定工作区的照度时,宜采用分区一般照明。

3.局部照明

特定视觉工作用的、为照亮某个局部而设置的照明称作局部照明。

4.混合照明

由一般照明与局部照明组成的照明称作混合照明。对于部分作业面照度要求较高,只采用一般照明不合理的场所,宜采用混合照明。

(二)照明种类

照明可分为正常照明、应急照明、值班照明、警卫照明和障碍照明五类。照明种类应按照不同的使用要求确定。

第二节　照明系统的设计

一、照明设计要求

（一）基本要求

（1）照明主要是由照明环境内所从事的活动决定，根据视觉工作的性质确定照明方案。

（2）照明设计应做到保证照明质量，节约能源，经济合理，安全可靠，便于管理和维护。

（二）照明方案的确定原则

（1）居住、娱乐、社交活动等房间，主要是保证照明的舒适感和艺术效果。

（2）办公建筑为提高可见度和有利于节能，应尽量将灯光集中于工作区内。

（3）在商店出售和陈列商品的售货厅，照明的主要任务是把顾客的注意力吸引到陈列商品上。

（4）在博物馆、美术馆，照明的一个最重要的要求是使展品获得准确的显色性，并要注意把展品的立体感表现出来。同时，还要注意保护展品，防止由于某些展品受到长时间的或强烈的光辐射而变质褪色。

（5）在体育运动场所应充分采用高光效混光光源组成的灯具，并应该充分注意提高垂直照度。

（6）对于有重要意义的楼、堂、馆、所，或有代表性的其他建筑以及风景区，一些高级的或大型的商场、宾馆以及车站、码头等建筑，常常需要装设供欣赏的外观立面照明。

对于建筑立面照明的处理，应充分利用建筑物本身的各种特点和周围环境特点，创造出良好的艺术气氛和效果。

(三)专业协调

电气照明设计是建筑安装工程的一个组成部分。为了做好电气照明的设计工作,必须与其他专业设计(如建筑、结构、给排水、采暖通风、空调、装饰等设计)相互协调,相互配合,避免管网交叉出现矛盾。

另外,电气照明设计者要很好地理解建筑、装修等设计的意图,对于比较重要的建筑,有时还需与建筑设计者一道利用模型试验来预测照明效果。

二、照明设计程序

(一)照明设计的初始资料

在进行照明设计之前,应收集如下设计资料。

(1)建筑的平面、立面和剖面图。

(2)全面了解该建筑的建设规模、生产工艺、建筑构造和总平面布置情况。

(3)了解该建筑供电电源的供电方式,供电的电压等级,电源的回路数,对功率因数的要求。

(4)向建设单位及有关专业了解工艺设备布置图和室内布置图。

(5)向建设单位了解建设标准。例如,各房间灯具标准要求;各房间使用功能要求;各工作场所对光源的要求,视觉功能要求,照明灯具的显色性要求;建筑物是否设置节日彩灯和建筑立面照明,是否安装广告霓虹灯等。

(二)照明设计的步骤

(1)确定设计照度。根据各个房间对视觉工作的要求和室内环境的清洁状况,按有关照明标准规定的照度标准,确定各房间或场所的照度和照度补偿系数。

(2)选择照明方式。根据建筑和工艺的要求,选择合理的照明方式。

(3)光源和灯具的选择。依据房间装修色彩、配光和光色的要求和环境条件等因素来选择光源和灯具。

(4)合理布置灯具。从照明光线的投射方向、工作面的照度、照度的均匀性和眩光的限制以及建设投资运行费用、维护检修方便和安全等因素综合考虑。

(5)照度的计算。根据各房间的照度标准,通过计算确定各个房间的灯具数量或光源数量,或者以初拟的灯具数量来验算房间的照度值。

(6)考虑整个建筑的照明供电系统,并对供电方案进行对比,确定配电方式。

(7)各支线负荷的平衡分配,线路走向的确定。划分各配电盘的供电范围,确定各配电盘的安装位置。

(8)计算电流。计算各支线和干线的工作电流,选择导线截面和型号、敷设方式、穿管管径,进行中性线电流的验算和电压损失值的验算。

(9)电气设备的选择。

三、照明节能

照明工程一般采取以下四方面措施节能。

第一,合理确定照度标准值。

第二,选择合适的照明方式。

第三,合理选择照明光源:

(1)照明光源应根据使用场所的不同,合理地选用发光效率高、显色性好、使用寿命长,色温或相关色温适宜并符合环保要求的光源。

(2)选用光源,在满足显色性、启动时间等要求条件下,应根据光源、灯具及镇流器等的效率、寿命和价格进行综合技术经济分析比较后确定。

(3)高度较低房间,如办公室、教室、会议室宜选用细管径(不大于26mm)的直管形荧光灯;商店的营业厅以及仪表、电子等生产车间应选用细管径(不大于26mm)直管形荧光灯、紧凑型荧光灯或小功率的金属卤化物灯。

（4）高度较大的工业厂房,应按照生产使用要求,分别选用金属卤化物灯或高压钠灯,亦可采用大功率细管径荧光灯。

（5）一般照明场所不应使用高压汞灯。

（6）采用荧光灯时,宜采用一般显色指数大于 80 的三基色荧光灯。

（7）城市机动交通道路应选用高压钠灯,显色性要求较高的场所,可选用金属卤化物灯。

（8）一般情况下,室内外照明不应采用普通照明用白炽灯,在特殊情况下需采用时,不应采用 100W 以上的灯泡。

第四,照明灯具及附件选择:

（1）在满足眩光限制和配光要求条件下,应采用效率高的灯具。

（2）应选用光通量维持率高的灯具,减少维护工作量和费用,提高节能效果。

（3）当采用自镇流紧凑型荧光灯时,应选用电子镇流器。

（4）当采用直管形荧光灯时,应选用电子镇流器或节能型电感镇流器。

（5）当采用高压钠灯、金属卤化物灯时,应选用节能型电感镇流器,对于 150W 及以下的高压钠灯和金属卤化物灯,可选用电子镇流器。

（6）在有集中空调而且照明容量大的场所,宜采用照明灯具与空调回风口结合的方式。

参考文献

[1]陈秋菊,汪怀蓉.建筑电气控制技术[M].北京:北京理工大学出版社,2021.

[2]初晓.建筑规划设计中建筑节能的实现[J].工程建设与设计,2022(12):38－40.

[3]董娟,殷飞.建筑给排水工程[M].长春:吉林大学出版社,2015.

[4]杜淑华,孙光吉.建筑电气工程[M].南京:江苏人民出版社,2011.

[5]房平,邵瑞华,孔祥刚.建筑给排水工程[M].成都:电子科技大学出版社,2020.

[6]侯冉.建筑电气施工技术[M].北京:北京理工大学出版社,2021.

[7]黄民德,孙绍国,曾永捷.建筑电气工程设计[M].天津:天津大学出版社,2010.

[8]贾永波,赵晓阳,张小燕.建筑电气设计与地基技术[M].汕头:汕头大学出版社,2021.

[9]黎兵.建筑工程电气设备安装施工关键技术[J].建材与装饰,2022(33):120－122.

[10]李军.浅议某高层建筑中的电气与给排水安装工程[J].大科技,2012(19):293－294.

[11]李明海,张晓宁,张龙,等.建筑给排水及采暖工程施工常见质量问题及预防措施[M].北京:中国建材工业出版社,2018.

[12]李扬.超高层建筑工程给排水安装与土建施工协调管理研究[J].住宅与房地产,2019(12):100.

[13]刘芳,马晓雁.建筑给排水工程技术[M].北京大学出版社,2014.

[14]刘楠.高层建筑电气与给排水安装工程施工技术的应用[J].城市建

设理论研究(电子版),2017(30):156-157.

[15]梅胜,周鸿,何芳.建筑给排水及消防工程系统[M].北京:机械工业出版社,2020.

[16]沈育祥.超高层建筑电气设计关键技术研究与实践[M].北京:中国建筑工业出版社,2021.

[17]孙成群.简明建筑电气设计手册[M].北京:机械工业出版社,2022.

[18]孙成群.建筑电气关键技术设计实践[M].北京:中国计划出版社,2021.

[19]孙敏华.建筑给排水设计中节能减排设计分析[J].工程与建设,2022(5):1292-1294.

[20]孙明,王建华,黄静.建筑给排水工程技术[M].长春:吉林科学技术出版社,2020.

[21]汪治冰.建筑电气工程识图施工与计价[M].北京:化学工业出版社,2017.

[22]王枭.建筑给排水室内工程设计中各专业间配合与协调的探讨[J].河南建材,2015(6):82-83.

[23]王晓芳,计富元.建筑电气工程造价[M].北京:机械工业出版社,2021.

[24]伍培,李仕友.建筑给排水与消防工程[M].武汉:华中科技大学出版社,2017.11.

[25]张雷.高层建筑电气与给排水安装工程施工技术的应用[J].环球市场,2019(26):306.

[26]张瑞,毛同雷,姜华.建筑给排水工程设计与施工管理研究[M].长春:吉林科学技术出版社,2022.

[27]张胜峰.建筑给排水工程施工[M].北京:中国水利水电出版社,2020.

[28]赵鑫.建筑电气安装工程中的安装管理要点分析[J].中国航班,2022(12):166-169.

[29]赵中栋,田勇.探究高层建筑电气与给排水安装工程施工技术的发展运用[J].商品与质量,2020(26):281.

[30]钟苑.工业园区建筑工程施工方案要点及技术应用指导[J].建筑与装饰,2023(17):181－183.